BIBLIOTECA DELLA FENICE

Titolo originale:
Die Schriften zur Naturwissenschaft

In copertina: Albrecht Dürer, *La grande zolla* (1503)

Art director: Francesca Leoneschi
Progetto grafico di collana: Giovanna Ferraris / *the*World*of*DOT
Grafica: *the*World*of*DOT

ISBN 978-88-7746-187-2

Dodicesima edizione maggio 2025
Gruppo editoriale Mauri Spagnol
www.guanda.it

J.W. GOETHE

LA METAMORFOSI DELLE PIANTE

E ALTRI SCRITTI SULLA SCIENZA DELLA NATURA

A cura di Stefano Zecchi
Traduzioni di Bruno Groff, Bruno Maffi, Stefano Zecchi

UGO GUANDA EDITORE

IL TEMPO E LA METAMORFOSI

di Stefano Zecchi

Quando ci troviamo ad analizzare una parte, la cui profondità rappresenta già di per sé un mondo straordinariamente vasto, ricco di suggestioni e di complesse dimostrazioni, sappiamo comunque che la nostra comprensione è inadeguata e che ci aspetta ancora la fatica di conoscere come la parte appartenga al tutto. Goethe aveva scritto che i suoi studi botanici, come tutti gli altri suoi studi di scienze naturali, gli erano serviti per rivelare il proprio senso interiore, il proprio modo d'essere. Sono studi che mostrano le relazioni strutturali esistenti tra il mondo dell'arte e quello della scienza in connessione alla dimensione esistenziale, autobiografica dello stesso ricercatore. Il processo infinito del sapere è analogo al processo infinito della conoscenza del proprio essere, entrambi implicano la realtà della loro presenza come condizione del processo conoscitivo che è esso stesso vita. « Devo ammettere e presupporre me stesso » dice Goethe, « senza sapere neppure come sono fatto, mi studio sempre di continuo senza mai afferrare me stesso, me stesso e gli altri, e tuttavia si procede lietamente sempre avanti, più avanti! E così anche con il mondo! Anche se è di fronte a noi senza principio né fine, anche se i suoi orizzonti sono senza confini e ciò che è vicino rimane impenetrabile, tuttavia non si potrà mai determinare né definire quanto profondamente lo spirito umano possa penetrare i propri misteri e quelli del mondo » (cfr. p. 143).

Questo presupposto, o, potremmo dire, questo sentimento che presiede alla vita creativa è stato chiamato molto efficacemente da Georg Simmel, un attento studioso di Goethe, « il sentimento della connessione elementare con il tutto in cui è compreso lo stesso Goethe ».[1]

È molto difficile riuscire a stabilire le coordinate del pensiero filosofico di Goethe. Se tra i suoi contemporanei è abbastanza agevole trovare, per esempio, nella filosofia kantiana la fonte ispiratrice di Schiller, o in Fichte quella di Novalis, con Goethe queste connessioni non hanno esiti semplificabili. Goethe stesso sosteneva di doversi costruire una *sua* filosofia, e la sua filosofia Goethe la costruisce servendosi di tesi che la storia della filosofia vede spesso sotto una luce contrastante, conflittuale, dando così forma ad un pensiero che ha la grandezza del nome del suo autore, ma che rimane soltanto suo, che dopo di lui andrà perduto.

« Qualunque enigma scientifico » scrive Goethe « può essere reso comprensibile solo risolvendolo eticamente. »[1] Potrebbe bastare questa osservazione, nella ricchezza delle sue possibilità interpretative, per spiegare la critica goethiana alle tesi del meccanicismo atomistico e alla « cattiva metafisica di Newton ». La materia, dice Goethe, è il prodotto della forza e del movimento, e la natura è una totalità dinamica che pur rinnovandosi conserva la sua unità. La *morfologia*, in quanto studio delle forme assunte dalla natura nelle sue metamorfosi, è una descrizione e rappresentazione di un processo fenomenico: « Qui non si chiedono cause, ma condizioni sotto le quali i fenomeni appaiono; se ne osserva e percepisce la successione rigorosa, l'eterno ricorso in mille circostanze, l'uniformità e variabilità, se ne riconosce la determinatezza, che, a sua volta, lo spirito umano determina » (cfr. p. 136). La scissione tra fenomeno e realtà operata dal meccanicismo è dunque inaccettabile; c'è un processo infinito di creatività della natura che deve potersi cogliere nelle sue specifiche manifestazioni: la natura è considerata, come in Spinoza, unità di materia e spirito, e l'uomo è un momento di un processo infinito. Il senso dell'infinito determina i rapporti tra l'uomo e il mondo: « Ciò che chiamiamo parti di un essere vivente, è talmente inseparabile dal tutto che le stesse parti possono essere comprese soltanto nel e con il tutto; e né le parti possono essere adoperate come misura del tutto, né il tutto come misura delle parti. Perciò, come è stato precedentemente affermato, diciamo che un essere vivente limitato è partecipe dell'infinito, o, meglio, ha qualcosa in sé di infinito, qualora non si voglia sostenere che non si può interamente comprendere il concetto di esistenza e perfezione dell'essere vivente, anche di quello più limitato, e che quindi si debba ritenerlo infinito come l'immenso tutto in cui tutte le esistenze sono comprese » (cfr. p. 124).

Soprattutto intorno al 1780 è dominante in Goethe l'interpretazione del naturalismo spinoziano in una lettura neoplatonica che sottolinea come l'essere coscienza di sé nell'uomo è possibile perché l'uomo è autocoscienza della natura. Ma oltre a Spinoza e alla filosofia neoplatonica, i punti fondamentali di riferimento della formazione filosofica di Goethe sono la *Teodicea* di Leibniz, il Kant dei *Primi principi metafisici della natura* e, successivamente, della *Critica del giudizio*, il pensiero naturalista seicentesco e la tradizione mistico-alchemica.

Le prime letture degli scrittori mistici e alchemici risalgono agli anni giovanili trascorsi a Francoforte e a Strasburgo. Paracelso e Agrippa, Swedenborg e Boehme sono, come Goethe scrive a Frau von Klettenberg (26 agosto 1770),[3] i suoi « segreti amori ». Solo di fronte alla lucidità del ragionamento di Herder, incontrato a Strasburgo nel settembre del 1770, Goethe incomincerà ad abbandonare questo tipo di studi. Ma il sogno alchemico, la ricerca della chiave che apre i segreti dell'uomo e della natura, non verrà mai abbandonato. Quattordici anni dopo l'incontro con Herder, dopo le prime ricerche di anatomia con la scoperta dell'osso intermascellare (la scoperta cioè di un *tipo* osteologico comune a tutti i vertebrati), Goethe, scrivendo a Knebel, esprime il desiderio che il significato del pensiero alchemico rimanga come guida della descrizione della natura: « L'accordo con il tutto rende ogni creatura ciò che essa è... E così, di nuovo, ogni creatura è solo un suono, una sfumatura di una grande armonia » (17 novembre 1784). Goethe non è interessato alla pura acquisizione quantitativa di un fatto, ma è mosso dalla necessità di stabilire le relazioni tra un regno della natura e un altro, tra il mondo della natura e quello dell'arte, cercando le analogie che possono condurre alla formulazione di una legge che abbracci il tutto, non deducendo separatamente le leggi da ciascuna sfera dell'esistente.

Giordano Bruno diceva che solo un uomo che è contemporaneamente mago, filosofo, poeta e pittore può sperare di salire e scendere per quelle stesse scale che usa la natura per creare e mutare le sue forme. Goethe ha cercato di sostituire la parola mago con quella di scienziato, ma ha cercato anche una circonferenza che fosse capace di comprendere questa modalità dell'essere uomo, trovandola nell'io-autobiografico, nell'autonarrazione del proprio essere scienziato, filosofo, poeta, pittore. Questa fusione dinamica della dimensione soggettiva con quella oggettiva ha un nome, si chiama *formazione* (*Bildung*), è il divenire della forma, è la forza della *metamorfosi*.

Anche al genere letterario scientifico, che avrà sviluppo e successo nell'Ottocento, Goethe conferisce una struttura linguistica metaforica che tende a esprimersi con una propria ridefinizione metamorfica nel corpo vivente della natura; la metafora non è forma già fissata e costituita, essa è possibile perché la sua forma non è mai mera ripetizione, perché ha una pulsione interna che la costringe alla trasformazione, a divenire metamorfosi. Questa costruzione linguistica è usata da Goethe sia nel genere letterario scientifico sia in quello poetico; si può per esempio confrontare un passo tratto dal saggio scientifico *Problemi* con la lirica *Dauer im Wechsel.* Nel primo leggiamo: « La natura non ha sistema, essa ha vita, essa è vita e successione da un centro ignoto verso un confine non conoscibile » (cfr. p. 144); e nella lirica: « Lascia che l'inizio con la fine si raccolgano in uno! Più veloci ti sfuggono degli stessi oggetti! »[1]

L'io narrante autobiografico è il principio che dà mobilità alla forma, costituendo la possibilità stessa della *formazione.* Wilhelm Meister è posseduto dalla forza che lo spinge alla formazione. Faust è formazione: non forma statica di auto-riflessione soggettiva, non l'ego dominante che possiede l'oggetto, ma formazione in sintonia metamorfica con il mondo naturale. « Dirò subito » osserva Goethe « che il grande e altisonante comandamento: *Conosci te stesso!* mi è sempre parso sospetto, come un'astuzia di preti segretamente in combutta per confondere l'uomo con pretese irrealizzabili e deviarlo dall'attività nel mondo esterno verso una falsa contemplazione interna. L'uomo conosce se stesso nella sola misura in cui conosce il mondo, di cui ha coscienza soltanto in sé, come ha coscienza di sé soltanto in esso » (cfr. p. 146). La natura avvolge l'ego, lo spossessa della sua immobilità e della sua astrattezza e lo ripresenta come corpo vivo; costruisce l'ordine attraverso il disordine, ritrova la pace nell'ebbrezza. Nella natura tutto è eternamente presente, e il problema scientifico della metamorfosi diviene la comprensione della trasformazione dell'identico, il cogliere l'eterno nel divenire. Ma la continua formazione contiene anche in sé la tragicità della perdita e la speranza della rinascita che unite si presentano nella ciclicità cosmica della vita della natura come nascita, morte e rinascita. Nell'uomo "formazione" è tragedia vissuta: Faust che ha vissuto tutto ciò che era possibile vivere, deve pur sempre essere capace di prolungare l'istante vissuto nell'eterno. È il tema autobiografico della tensione verso la trasformazione, verso lo spossessamento dalle strutture rigide che ingabbiano l'io: è la tragedia della perdita, della fine, ma è, insieme, serenità per una nuova necessaria ricomposizione, scoperta di un equilibrio che si raggiunge nel mistero di ciò che è "tempo vissuto". « Vivere a lungo » scrive Goethe alla contessa Auguste von Bernstroff dopo una lunga malattia e ormai vecchio, « significa sopravvivere a molte cose, a persone amate, odiate, indifferenti, sopravvivere ai regni, alle capitali, anche ai boschi e agli alberi che giovani abbiamo seminato e piantato. Sopravviviamo a noi stessi e ci riteniamo soddisfatti quando ci rimane anche solamente qualche offerta di amore e di spirito. Sopportiamo tutto questo trascorrere; se ci rimane soltanto l'eterno di ogni attimo presente, non soffriamo del tempo che passa » (17 aprile 1823).

In Goethe c'è la volontà di divinizzare il tutto e la vita, di cogliere l'elemento divino che è all'interno della forma produttrice della natura, e insieme di celebrare la figura dell'uomo-eroe che "sa" formare il suo io all'interno del divenire eterno della natura: « Tutto danno gli dei, infiniti, / ai loro prediletti, interamente, / tutte le gioie, quelle infinite, / tutti i dolori, quelli infiniti, interamente. »[5] In Goethe è dunque essenzialmente presente un'intuizione antistorica del mondo: è muovendo dalla natura che si può giungere alla comprensione dell'uomo e della storia. Lo studio della natura non costruisce strutture interpretative ideologiche, ma è un'educazione che rivela e fa parlare i *fenomeni stessi.* La possibilità di dedurre dalla contemplazione della natura le forme di sviluppo e di vita dell'umanità, porta Goethe a respingere la fede hegeliana nella ragione della storia, ma soprattutto a rifiutare il fondamento su cui Hegel appoggiava il senso degli avvenimenti, il piano cioè della mondanizzazione della fede nella sua rideterminazione da fede nella Provvidenza in fede nello sviluppo razionale della storia verso la libertà (nella successione di mondo orientale, greco-romano, cristiano-germanico).

Hegel aveva usato l'immagine della rosa e della croce per descrivere i rapporti tra filosofia e teologia: la ragione, è scritto nella *Filosofia del diritto,* è una « rosa nella croce del presente ». La razionalità addolcisce, perché sa comprendere la presenza del male. La razionalità è una rosa, ma dentro la croce. Goethe, da "sincero pagano", così come lo aveva definito Nietzsche, coglie il sacrificio della croce non nel processo storico in cui si razionalizza il senso degli avvenimenti, ma nel suo movimento metamorfico che produce la resurrezione. La teologia della croce non viene hegelianamente superata nella filosofia, rimane per Goethe, nella sua essenza, un mistero che appare in quel processo metamorfico che forma dalla morte nuova vita. Nel poemetto *Die Geheimnisse* (I misteri), la croce ormai è quasi del tutto scomparsa, tanto è coperta dalle rose che sopra di essa crescono e si attorcigliano. Il male, il negativo, non è all'inizio di un tempo determinato, ma è nell'indefinitezza circolare del processo cosmico della natura, in cui l'uomo e la sua storia sono avvolti: « Una specie di panteismo » osserva Goethe « in quanto s'immagina come base dei fenomeni dell'universo un'essenza imperscrutabile, incondizionata, umoristica, contraddittoria; e la si può ritenere un gioco, non senza, però, un'amara serietà » (cfr. p. 155).

In Hegel il negativo si esprime all'interno di un disegno razionale della storia dove l'affermazione, il successo, è la verità stessa dell'idea: ciò che è, è ciò che doveva essere. Goethe colloca il negativo nel movimento metamorfico: si trascende e ritorna in nuova forma. Formazione è sofferenza, è la necessaria uscita da ciò che si è, è il divenire altro in noi e negli altri, la nostra formazione e la nostra crescita. L'altro da noi ci attende sconosciuto e solo rientrando nel profondo, nel senso della nostra trasformazione superiamo il destino, il determinismo della concatenazione necessaria e ineffabile degli eventi. Una vita può oltrepassare se stessa affrontando il dolore della trasformazione, dove un nuovo io può esserci ed essere riconosciuto dagli altri. Questo è il senso della tragedia di Faust nel momento più alto della sua formazione: il passaggio attraverso il nulla nella « discesa alle Madri ». La cultura contemporanea ha perso la dimensione tragica della formazione dell'io, inserendola nell'idea del processo progressivo della storia, affidandosi a una visione dialettica e meccanicistica della formulazione del negativo e del suo superamento.

Faust deve portare all'imperatore Elena e Paride, « le immagini modello degli uomini e delle donne »,[6] e Mefistofele gli rivela che esse sono custodite dalle Madri: « divinità solenni troneggiano in solitudine, intorno a esse, non luogo alcuno e ancor meno un tempo ».[7] Faust chiede a Mefistofele qual è la strada che dovrà percorrere per giungere alle Madri. Chiede dunque una *spiegazione*, la descrizione cioè di una cosa, la strada da percorrere. Mefistofele risponde con un *significato*: « Nessuna via », ma « solitudine e vuoto ».[8] Solitudine e vuoto, parole che Mefistofele pronuncia più di una volta, servono per connotare, al posto della spiegazione, il luogo dove si trovano le Madri. Mefistofele, separando il significato dalla spiegazione, è coscienza che genera nichilismo, Faust, nell'accettare la sfida lanciatagli da Mefistofele, accetta di provare il passaggio dalla spiegazione al significato, per poterne mostrare la loro inseparabilità. La replica di Faust a Mefistofele è pronunciata sulla base del proprio vissuto: « Non ho dovuto forse entrare in contatto con il mondo, imparare il vuoto, insegnare il vuoto?... Dovetti persino rifugiarmi, in conseguenza di urti antipatici, nella solitudine, in una vita da selvaggio e, per non vivere completamente abbandonato e solo, consegnarmi, alla fine, nelle mani del diavolo!... Spero di trovare nel tuo nulla il tutto. »[9] Solitudine e vuoto appartengono all'esperienza di Faust; ma la sua scommessa con Mefistofele riguarda la possibilità di riuscire a non separare la spiegazione (la spiegazione scientifica di un fatto) dal suo significato, che è tale solo in quanto è vissuto. L'inscindibilità di spiegazione e significato è il luogo utopico della formazione di Faust: dall'albero della conoscenza-scienza deve poter germogliare anche la sapienza del bene e del male.

In questo passaggio si può comprendere nel modo migliore quanto Goethe aveva scritto nella *Storia della teoria del colore*: « Qualunque enigma scientifico può essere reso comprensibile solo risolvendolo eticamente », e si può mettere a fuoco la sua polemica contro il meccanicismo di Newton: esso è "metafisico" perché separa la spiegazione dal significato. Le Madri, in quanto luogo della formazione che comprende l'intero arco delle possibilità (dal nulla al tutto), sono descritte da Goethe nello stesso modo del processo metamorfico della natura: « Le une siedono, le altre stanno in piedi e si muovono, così come capita. Formarsi e trasformarsi; eterno gioco del pensiero eterno. Avvolte nelle immagini di tutte le creature, esse non ti vedono; perché vedono solamente schemi. »[10] Le Madri divengono il luogo dello scontro tra il nichilismo di Mefistofele e lo *Streben* (la "tensione") di Faust. Per Mefistofele è il luogo della solitudine e del vuoto, perché l'esperienza di vivere è solo una sequenza di accumulazioni e ripetizioni; per Faust è il luogo della formazione radicale, della trasformazione del nulla nel tutto. « Io non cerco salvezza » dice Faust « nell'indifferenza; la commossa meraviglia è la parte migliore dell'umanità e, per quanto il mondo gli renda difficile il sentire, l'uomo quando è commosso sente profondamente ciò che è infinito. »[11] Nello *Streben* di Faust, la sofferenza e la gioia si confondono in una passione che prende la solidità della forma. Ed è questo lo stesso movimento che troviamo alla base della filosofia dell'arte di Goethe: la "meraviglia" diviene forma, ma è ancora la passione per qualcosa di interiormente sentito che reinserisce la forma in quel movimento metamorfico che, spezzandone la rigidità e la ripetizione, la presenta in una nuova struttura.

L'unità tra la ricerca scientifica e quella estetica ha dunque nel problema della forma-formazione il suo punto di sintesi. Nel loro complesso, gli studi scientifici di Goethe sono un'indagine sul modo in cui si costituiscono le forme nel mondo sensibile e sulle dinamiche che producono le loro metamorfosi. In questo senso, la sua teoria dell'arte rimanda, come fondamento, all'estetica in quanto teoria della sensibilità naturale che descrive il divenire della forma. Al di là delle questioni inerenti ai problemi di metodo che avranno ampie elaborazioni, Goethe ricorda come ipotesi generale: « Nessuno voleva ammettere che si potessero combinare scienza e poesia. Si dimenticava che la scienza è uscita dalla poesia, né si considerava che, mutando i tempi, le due potrebbero amichevolmente ritrovarsi, con vantaggio reciproco, su un piano superiore » (cfr. p. 86).

Nel diciottesimo secolo le ricerche sulla formazione degli organismi erano affrontate con il metodo della classificazione, basato su una concezione creazionistica e meccanicistica della natura, secondo la quale ogni germe è prodotto dal Dio creatore e il suo sviluppo avviene per accrescimento di ciò che era già contenuto nel germe al momento della sua creazione. La crescita risulta una concatenazione meccanica di cause ed effetti prestabilita al momento della nascita. L'organismo degli esseri viventi è dunque un meccanismo che presuppone una preformazione divina: lo scienziato potrà svolgere la sua ricerca solo all'interno dei vari passaggi evolutivi, classificandoli e cogliendo la presenza di un ordine naturale. Lo scienziato svedese Linneo ha attuato nel modo più esemplare questo tipo di ricerca nel campo della botanica, esponendo le sue analisi in lavori come *Sistema naturae* (1735) e *Philosophia botanica* (1751), che avranno grande influenza sugli studi di Goethe.

Dopo il trasferimento a Weimar nel 1775, Goethe avvia con sistematicità le sue osservazioni sui fenomeni naturali, anche grazie al fatto di poter ora vivere in una piccola cittadina che gli ha dato il « privilegio inestimabile di poter scambiare l'aria di casa e di città con l'atmosfera dei campi, dei boschi e dei giardini » (cfr. p. 48). Aveva iniziato, in seguito alla visita di Lavater a Francoforte, nel giugno dell'anno precedente, a interessarsi di fisiognomica. Questi studi gli consentirono di scoprire l'osso intermascellare, di cui diede notizia nello stesso giorno a Herder e alla signora von Stein (27 marzo 1784). Ma accanto alle ricerche di anatomia, che furono solo successivamente riprese e sviluppate in forma organica, Goethe si dedicava agli studi di botanica. La sistematica di Linneo che stabiliva differenze e somiglianze nel regno vegetale, rappresentava per Goethe un modello suggestivo per le sue osservazioni. Scriverà infatti: « Mi limiterò a riconoscere che l'influenza maggiore, dopo Shakespeare e Spinoza, mi è venuta da Linneo, e proprio attraverso la posizione polemica alla quale egli mi spingeva » (cfr. p. 49). Quello che Goethe criticava in Linneo era la sistematicità della classificazione che fissava le forme astraendole dal tutto, negando loro dinamicità e cambiamento, in sostanza non riconoscendo nella forma la presenza di una specifica forza interna di metamorfosi. Il regno vegetale, diceva Goethe, non può essere considerato composto da realtà divise e smembrate, bensì da forme che partecipano a un tutto unitario. Anche l'opera di Charles Bonnet, *Contemplation de la nature* (1764), con le sue analisi sul divenire della natura attraverso la temporalizzazione delle forme degli esseri, descritto mediante la costruzione di serie significative di fenomeni in una relazione d'ordine, ha contribuito alle ricerche di Goethe più di quanto egli stesso sia disposto ad ammettere.[12] Era d'altra parte estraneo alla sua mentalità il fondamento filosofico su cui poggiava il lavoro di Bonnet: un razionalismo teleologico che vedeva nella natura la realizzazione di un piano sapiente della divinità, divinità che è la causa prima dello sviluppo dell'universo, prefissato nell'istante della creazione. In questo senso anche la temporalizzazione delle forme viventi, sostenuta da Bonnet, appare a Goethe una meccanica ripetizione di elementi schematici che non tiene conto della varietà e del dinamismo dei fenomeni naturali. Così, osserva Goethe, « credetti di riconoscere chiaramente che Linneo e gli studiosi venuti dopo di lui si erano comportati come legislatori i quali, meno preoccupandosi di ciò che è, che di ciò che dovrebbe essere, non tengono nessun conto della natura e dei bisogni dei cittadini, e si sforzano piuttosto di risolvere il difficile problema di come tanti esseri indisciplinati e per natura intolleranti di confini possano, in qualche modo, convivere » (cfr. p. 53).

Fu durante il primo viaggio in Italia, nel 1786, che gli interessi di Goethe per la botanica incominciarono ad avere una precisa formulazione. A Padova, il 27 settembre 1786, durante una visita al giardino botanico della città, riflette sulla possibilità che la grande varietà delle forme vegetali si possa ricondurre a un'unica pianta: « Qui, fra tante varietà di piante che vedo per la prima volta, mi si fa sempre più chiara e più viva l'ipotesi che in conclusione tutte le forme delle piante si possano far derivare da una pianta sola. Soltanto con l'ammettere questo sarebbe possibile stabilire veramente i generi e le specie, cosa che a me pare sia stata fatta finora in modo molto arbitrario. »[13] A Palermo, di fronte alla straordinaria esuberanza della flora mediterranea, le intuizioni padovane si ripropongono con più decisione; e il 17 aprile 1787 Goethe scrive: « Gran disgrazia essere tentato e perseguitato da ogni sorta di folletti! Stamane mi ero recato al giardino pubblico col fermo proposito di cullarmi tranquillamente nei miei sogni di poesia, quando, senza che me ne accorgessi, mi vidi assalito da un altro fantasma, che mi assaliva già da alcuni giorni. Le molte piante che ero abituato a vedere solo nelle case e nei vasi, e per la maggior parte dell'anno solo nelle serre, qui allignano vegete e fresche all'aria aperta; per cui, conformandosi interamente al loro destino, ci diventano anche più intellegibili. Alla presenza di tante forme nuove o rinnovate, mi saltò in testa la mia antica fantasia: perché in tanta ricchezza di vegetazione, non dovrei scoprire la *Urpflanze*, la pianta originaria? »[14] Per completare queste importanti considerazioni, si deve ancora riportare il passo di una lettera scritta a Herder da Napoli (17 maggio 1787) durante il viaggio di ritorno: « Devo ora dirti, in confidenza, che sono prossimo a scoprire il segreto della generazione e dell'organizzazione delle piante: è la cosa più semplice che si possa immaginare. Sotto questo cielo si possono fare le più belle osservazioni. Ho trovato in modo indubbio e chiarissimo il punto essenziale, dove è riposto il germe; tutto il resto lo vedo ora all'ingrosso e solo alcuni punti devono essere meglio precisati. La pianta primitiva diventa la cosa più sorprendente del mondo, per la quale la natura stessa mi invidierà. Con questo modello e con la sua chiave si potranno inventare piante all'infinito, che saranno conseguenti, vale a dire che, anche senza esistere nella realtà, potrebbero tuttavia esistere; che non saranno ombre o parvenze pittoriche o poetiche, ma avranno una verità e una necessità interiori. La stessa legge si potrà applicare a tutti gli altri esseri viventi. »[15]

Due temi, in particolare, si possono cogliere da queste osservazioni. Il primo riguarda il principio della ricerca: dove Linneo trovava diversità, Goethe scopriva somiglianze, l'impossibilità di distinzioni irreversibili e la tendenza del molteplice a ridursi in unità. Il secondo riguarda il metodo, e fa riferimento alla "pianta originaria" (*Urpflanze*). Dai passi sopra riportati risulta che la riduzione del molteplice a unità è condizionata dalla presenza di un unico "modello", appunto l'*Urpflanze*, con il quale poi è possibile « stabilire veramente i generi e le specie ». Infatti Goethe così precisava: « Come potrei altrimenti riconoscere che questa o quella forma è una pianta se non fossero tutte modellate sulla base di un unico modello? »[16]

Si potrebbe anche supporre che l'*Urpflanze* sia un'idea platonica, in cui il numero infinito di piante è rappresentato come all'interno di un sistema; ci troveremmo quindi di fronte a una pianta ideale che è l'essenza che partecipa a ogni forma reale. Quando Goethe parlò a Schiller dell'*Urpflanze*, questi gli rispose che l'*Urpflanze* non ha niente a che fare con la realtà perché è soltanto un'*idea*. Goethe con un po' di malumore replicò: « Può farmi molto piacere avere un'idea senza che lo sappia e perfino vederla con gli occhi » (cfr. p. 98). E infatti, nel *Viaggio in Italia*, a Palermo, Goethe scriveva che la pianta originaria si poteva scoprire in mezzo a tanta ricchezza di vegetazione, supponendo perciò che la pianta originaria potesse essere concretamente individuata. Abbiamo dunque a che fare con un'*immagine* che rappresenta le *possibilità* di sviluppo di una pianta, ossia un modello di sviluppo che Goethe riteneva presente in tutte le forme della vita della pianta. Stando alle sue descrizioni del mondo vegetale, si potrebbe anche supporre che la genziana abbia al massimo grado le forme di sviluppo possibili nella pianta, e che quindi sia quella che più assomiglia alla *Urpflanze*. Non è casuale comunque che il termine *Urpflanze* venga sempre meno usato da Goethe, e che nel saggio *La metamorfosi delle piante* non compaia affatto. Cade l'aspetto suggestivo connotato dal termine e rimane in sostanza la funzione metodologica. Goethe cercava innanzitutto un modello per la descrizione di una regolarità presente nello sviluppo della pianta. Bisognava quindi immaginare tutta la serie delle possibili concatenazioni dello sviluppo della pianta che, se anche non fosse attualmente presente, tuttavia potesse essere proiettata in un modello o immagine. Il modello o immagine funziona quindi da sintesi tra il singolo e l'universale, tra il sensibile e l'ideale, e permette di cogliere la legge interna al manifestarsi dei fenomeni. Questo tema metodologico è alla base di tutta la ricerca scientifica di Goethe. Per esempio, nella *Teoria dei colori* scrive: « I casi che troviamo nell'esperienza sono soltanto casi che, con una certa attenzione, possono per lo più essere disposti nell'ambito di rubriche empiriche generali. Queste, a loro volta, si subordinano a rubriche scientifiche che rinviano a dei punti nei quali certi presupposti essenziali di ciò che si manifesta possono venir individuati con maggior esattezza. Da qui in poi tutto mano a mano si inserisce in regole e leggi più complesse, che tuttavia si rivelano sia all'intelletto attraverso parole e ipotesi, sia all'intuire attraverso *fenomeni*. Designamo questi ultimi come *fenomeni originari*, poiché nella manifestazione non vi è nulla che li oltrepassi e permettono anzi, dopo essere saliti sino ad essi, di scendere fino al caso più comune dell'esperienza quotidiana. » [17]

Goethe parla anche di "fenomeno originario" [18] che, come l'*Urpflanze*, indica il modello o immagine che sintetizza ideale e sensibile: esso è ricavato dalla capacità di *osservazione* dei fenomeni e dalla capacità di ricostruzione dell'ordine di manifestazione. Sintetizza idealmente una serie sensibile e consente, nel suo « ridiscendere », nel suo riferirsi ai fenomeni concreti, di cogliere il fenomeno più elementare e ricondurlo all'interno della sua legalità di appartenenza. « Tutto ciò che è fattuale » dice Goethe « è di per sé già teoria... Non si cerchi nulla dietro i fenomeni: essi stessi sono già la teoria » (cfr. p. 163).

È un modo di procedere per molti aspetti analogo a quello della fenomenologia, in particolare al tentativo, compiuto da Edmund Husserl nelle *Ricerche logiche* (nella sesta, intitolata

Sensibilità e intelletto), di rendere "visibile" l'"intelligibile", di mostrare come di per sé un'esperienza sensibile è un dato atomico non visibile, e che i nessi di esperienza sensibile devono essere ordinati in una serie significativa tale da strutturare un'immagine. Questa diventa a sua volta il mezzo per osservare le modalità di apparizione delle esperienze sensibili.[19]

È interessante, inoltre, sottolineare come la teoria dell'arte di Goethe mostri analoghe prospettive di lettura. Essa, è stato detto, si riconduce, come a suo fondamento, all'estetica come teoria della sensibilità naturale, in cui la forma si coglie in un dinamico rapporto metamorfico con il sensibile. L'analisi fenomenologica descrive queste formazioni ideali (in Goethe sono soprattutto presenti formazioni mitiche e metaforiche)[20] che rappresentano in modo sensibile qualcosa che non è direttamente accessibile ai sensi. Le formazioni ideali ci permettono di rappresentare ciò che non è immediatamente sensibile perché sono state costituite *immaginativamente* attraverso il sensibile. Esse non presentano nulla di metafisico e di idealisticamente separato dal divenire del mondo sensibile, infatti per comprendere la loro costituzione dobbiamo esplicitamente far riferimento all'operare dell'artista e alla sua tecnica. In ogni caso, comunque si voglia interpretare la filosofia di Goethe e comprenderla nella sua attualità, ci sono alcuni elementi essenziali della filosofia di Kant, presenti in Goethe, che possono essere sviluppati nella direzione ora proposta. Per la sua ostilità verso i kantiani, il pensiero di Kant ha avuto un riconoscimento inferiore rispetto al ruolo che effettivamente ha giocato in Goethe, anche se questi fa una significativa affermazione degna di nota: « La *Critica della ragione pura* di Kant, sebbene uscita già da tempo, mi restava completamente inaccessibile... Disgraziatamente Herder era bensì allievo, ma avversario di Kant; mi trovai quindi ancor peggio: non potevo né concordare con Herder, né seguire Kant... Poi mi capitò fra le mani la *Critica del giudizio*, e a essa vado debitore di un' epoca veramente felice della mia esistenza. Vidi qui esposti uno accanto all'altro gli oggetti più diversi delle mie fatiche, prodotti dell'arte e della natura trattati gli uni come gli altri, giudizio estetico e giudizio teleologico illuminantisi a vicenda... Le grandi idee maestre di quell'opera erano perfettamente analoghe a quanto avevo fin allora creato, fatto e pensato » (cfr. pp. 137 sg.).

Siamo dunque alla presenza di un pensiero che Goethe sintetizza in una complessa prospettiva culturale che ha come suo centro teorico il problema "forma-metamorfosi". Sulla base di queste riflessioni si può anche capire che la rinuncia all'uso del termine *Urpflanze* è fatta in funzione di una maggior determinazione del rapporto tra ideale e sensibile. Si doveva con più rigore determinare come la forma ideale immaginata (il modello) potesse stabilire il punto di rappresentazione dell'ideale e del sensibile. Se l'*Urpflanze* rappresentava il modello in generale, ora Goethe preferiva individuare una chiave che consentisse di applicare al sensibile il modello. Per Goethe questa era la *foglia*, « il vero Proteo, che sa celare e manifestare in sé tutte le forme ».[21] La foglia è dunque la forma che ha capacità di metamorfosi: « Alles ist Blatt », tutto è foglia; e la foglia è la pianta stessa ma anche una figura metaforica del divenire della natura. La realtà è formazione, ma anche i petali, per esempio, possono essere descritti come foglie colorate, e così gli stami e i pistilli. Così è il tulipano, in cui uno dei suoi stami-foglia è cresciuto nella corolla e la sua metà superiore è tutt'uno con i petali. La foglia dunque si trasforma in tutti i gradi di sviluppo della pianta: l'intero è presente in tutte le sue parti. La pianta è l'intero, ma l'intero è anche le sue foglie. A ogni stadio di sviluppo della pianta sono presenti le foglie trasformate in un modo o nell'altro, perciò tutte le parti hanno una similarità di base e tutte rassomigliano all'intero. Nella foglia Goethe scopre un alternarsi ritmico di dilatazione e contrazione che, attraverso gli stessi organi, origina la diversità della forma della pianta. È il fenomeno della *polarità*, cioè dell'identità strutturale di fenomeni qualitativamente diversi, e della *Steigerung* (ascesa graduale), cioè della composizione armonica di più organismi in un organismo nuovo tendenzialmente superiore. "Tendenzialmente" perché la *Steigerung*, che è un concetto essenzialmente proprio della filosofia della natura del romanticismo, non è per Goethe un processo di ascesa verticale, come era per Lamarck che sosteneva la presenza di una serie continua delle forme animali al cui vertice è posto l'uomo. La *Steigerung* in Goethe è un movimento ascendente che nella fase conclusiva mostra il ricongiungimento con la fase iniziale. L'evoluzione della pianta è compresa in sei stadi di sviluppo, i cui vari passaggi sono scanditi dal ritmo polarizzato della contrazione e dilatazione, secondo un processo che dal seme originario ritorna al seme presente nel frutto.

In una trattazione molto documentata dell'opera scientifica di Goethe, Roland Gray[22] ha sostenuto l'analogia tra la *Steigerung* goethiana e gli stadi di sviluppo del sistema mistico di Jacob Boehme: anche qui il primo e l'ultimo stadio si congiungono, esprimendo l'unità del divino e del naturale. Anche il fatto che Goethe tratti solo i cotiledoni, si spiega perché, secondo Gray, i cotiledoni sono le uniche piante che gli forniscono l'esempio di una iniziale unità nella dualità, come appunto è sostenuto negli scritti mistici. La funzione della pianta nel suo sviluppo sarebbe quindi quella di dimostrare la perduta unità tra natura e divinità.[23]

L'interpretazione di Gray mette in luce un aspetto importante della filosofia di Goethe, quella componente cioè mistico-alchemica che aveva attirato la sua attenzione soprattutto negli anni giovanili. Ma quest'interpretazione, di per sé suggestiva, rischia anche di sminuire l'ampiezza del lavoro scientifico di Goethe. In lui è presente il significato, come si è detto, del sogno alchemico, ma le procedure di osservazione della natura hanno uno statuto metodologico che non si confonde con l'esperienza mistica.

Pur essendo controversa la valutazione della scientificità degli studi botanici di Goethe, tuttavia la sua ricerca non è mai stata ritenuta un esclusivo risultato della fantasia poetica. Il motivo delle oscillazioni della critica è dovuto al tipo di scelta, nell'ambito della natura vegetale, operato da Goethe. Egli non solo si limita alle fanerogame, ma sceglie anche le specie dei dicotiledoni. E, inoltre, al centro della sua trattazione vengono esaminate le piante di un anno e non le piante da fusto; e non vengono considerate le radici mentre vengono trattati i germogli fioriti. Le interpretazioni e le analisi sul valore scientifico delle osservazioni di Goethe hanno tuttavia messo in secondo piano i motivi di questa limitazione del campo di ricerca, motivi diversamente giustificabili, che ci possono condurre, come abbiamo visto, all'interpretazione mistico-alchemica, all'esigenza di mostrare esemplarmente il ritmo armonico delle formazioni naturali dall'unità alla dualità e di nuovo nell'unità, o che si giustificano con la necessità di raggiungere una dimensione artisticamente misurata ed elegantemente contenuta dell'opera.

Tra i giudizi sfavorevoli, quello più argomentato è del biologo Charles Scherrington (*Goethe on Nature and Science*, Cambridge 1949, p. 22), che riduce il lavoro goethiano alle « tristi categorie delle ipotesi sfortunate ». Prima di lui i botanici Julius Sachs (*Geschichte der Botanik. Vom 16 Jahrhundert bis 1860*, München 1875) e Erik Nordenskiöld (*Die Geschichte der Biologie*, Jena 1926) avevano sostenuto che nella *Metamorfosi delle piante* si possono solo riscontrare le intuizioni fondamentali della filosofia romantica sullo sviluppo del mondo naturale. Ma se tra i biologi dell'Ottocento vi fu chi, come Friedrich Kierschleger e Karl Ernst von Baer, considerò Goethe addirittura tra i fondatori della botanica moderna, tuttavia fu soprattutto nel nostro secolo che la ricerca goethiana ha avuto interessanti riconoscimenti. Il biologo Adolph Hansen, autore di un complesso studio su *La metamorfosi delle piante* (*Goethes Metamorphose der Pflanzen. Geschichte einer botanischen Hypothese*, Giessen 1907, p. 97) ne sostiene con molta convinzione il valore scientifico, basando la propria valutazione non sull'analisi di qualche specifica osservazione, ma sulla metodologia della ricerca che, fondandosi sulla morfologia comparata, permette di raggiungere alcune concezioni generali di botanica che furono nuove e feconde per le successive generazioni di biologi: « La sua teoria [di Goethe] è perciò ancora storicamente significativa perché si colloca sul cammino che in questa direzione segue la ricerca contemporanea ... Ancora più interéssante appare l'ipotesi teorica di Goethe se la si paragona non con gli attuali risultati sperimentali, ma con le attuali concezioni teoretiche. » E sulla base di queste tesi, Hansen si impegna in una meticolosa critica alle opinioni di quei biologi, come Julius Sachs, che avevano messo in discussione il valore scientifico dell'opera goethiana (cfr. pp. 98 sgg.).

Anche il biologo Wilhelm Troll (*Goethes morfologische Schriften*, Jena 1926) ha posto in evidenza l'interesse che l'attuale ricerca scientifica botanica ha per il concetto di totalità organica e quindi per l'idea goethiana di derivazione delle varietà dalla singola forma: « La varietà di organismi » scrive Troll « che hanno somiglianze strutturali, si fonda su semplici differenze di una grande relazione di cui le parti sono in un reciproco rapporto » (*Prinzip der variabilen Proportionen*, in « Experientia », n. 5, 1949, p. 31). O. Schoneville, seguendo le indicazioni di Troll, ha sottolineato le scoperte morfologiche presenti nell'opera di Goethe, come la natura fogliare dello stame e le analogie morfologiche del fiore e del germoglio, e ha sostenuto la validità dell'esposizione goethiana dell'omologia delle foglie, che è ancor oggi un caposaldo della morfologia comparata delle piante superiori. Anche la botanica Agnes Arber (*Goethe's Botany*, in « Chronica Botanica », vol. X, n. 2, 1946) ha mostrato l'alto livello degli studi sulle piante di Goethe, prendendo in esame, tra l'altro, una delle parti più controverse del lavoro goethiano, quella relativa alla disposizione degli organi riproduttivi delle piante, difendendo l'ordinamento, presentato da Goethe, degli organi riproduttori femminili all'interno della teoria della germinazione-parziale. Ma la Arber ha suggerito anche il modo più corretto di interpretare scientificamente il fenomeno della metamorfosi: esso non si deve intendere come un fenomeno visibile, ma come un processo di trasformazione che opera nella *forza* stessa di trasformazione. La metamorfosi non è allora un fenomeno concreto, ma un processo immateriale i cui effetti divengono percepibili in certi casi particolari, come, per esempio, in alcune varietà di rose.

Queste valutazioni sono importanti perché ci permettono anche di capire che Goethe cercava innanzitutto di individuare un modello descrittivo dei fenomeni in generale, che fosse metodologicamente utilizzabile *anche* negli studi di fisiologia. È solo nel 1796 che Goethe vede nella parola *morfologia* la possibilità di definire il suo particolare modo di conoscere fenomenologico. Il termine "morfologia" viene annotato per la prima volta nel suo diario il 25 settembre 1796, e di esso parla a Schiller il 19 novembre dello stesso anno. Ed è appunto sotto il concetto comprensivo di "morfologia" che Goethe pubblicherà i suoi studi di botanica e zoologia (*Zur Naturwissenschaft überhaupt, besonders zur Morphologie*, Stuttgart 1817-1824); la morfologia è, per la limitazione della sua struttura essenziale, una teoria in sé e autonoma, che può però essere usata anche come scienza d'appoggio nella biologia e nell'arte: « Di conseguenza, nel divenire dell'arte, del conoscere e della scienza s'incontrano ripetuti tentativi di fondare e svolgere una dottrina che a noi piace chiamare *Morfologia.* Sotto quante forme diverse questi tentativi si presentino, vedremo nella parte storica » (cfr. p. 43).

La metamorfosi delle piante mette dunque in luce che la forma *è* nel divenire e la si può percepire nella sua azione metamorfica. Nella *Steigerung*, nel processo ascensionale di composizione delle parti, la forma non si determina attraverso un processo astrattivo, attraverso una progressiva rarefazione dal sensibile; la possibilità stessa dell'esserci della forma esige il continuo "ritorno" al sensibile. È questa "risensibilizzazione" metamorfica che conserva nelle forme il "soffio di vita".[24] Essa diviene in uno spazio temporale non lineare ma ciclico, con un inizio e una fine. Agisce nell'idea di metamorfosi di Goethe la concezione classica del tempo: la legge che governa lo sviluppo dei fenomeni non ha nulla di storico; il suo tempo è un costante presente che ha in sé passato e avvenire. Lo studio della metamorfosi e delle regole che a essa presiedono ha lo scopo di mostrare ciò che è stabile e eterno in ciò che è contingente. La *Steigerung* delle forme non ha perciò il movimento del tempo storico, lineare, ma quello che circolarmente ritorna al suo punto di partenza. Il nascere e il morire rappresentano la metamorfosi dell'uguale, di ciò che ha stabilità e eternità, ma anche di ciò che è vita.

Si era osservato come Goethe cerchi il modello di sviluppo presente in tutte le forme di vita delle piante e come le forme, nella sua idea di morfologia, non si cristallizzano e non si fissano nell'immobilità, né si astraggono in un'ascesa che desensibilizza la loro realtà. Il modello e la modalità di specificazione del modello, che è appunto la foglia nel suo senso effettivo e metaforico, devono quindi intervenire per comprendere la forma come struttura e la forma come vita, la forma come identità nella trasformazione e la forma come processualità nel divenire. Questo è il nodo teorico più complesso a cui Goethe ci porta con il problema della metamorfosi. È possibile, cioè, la formulazione di un modello che operi a livello della spiegazione scientifica e che abbia anche capacità di lettura del significato? Che sia in grado di unire l'identità e l'eterno al divenire e alla vita? Sul piano del metodo artistico e scientifico Goethe propone l'utopia della formazione di Faust: la ricerca di un sapere che possegga anche la « conoscenza del bene e del male ». Un sapere che non procede solo per accumulazione quantitativa, ma che abbia anche capacità di valorizzazione, di comprensione del *valore* nel sapere scientifico. La polemica di Goethe contro il meccanicismo e Newton ha, a suo fondamento, la sfiducia verso la possibilità che modelli meccanici, fondati sulla relazione tra aritmetica e geometria, siano effettivamente in grado di spiegare e interpretare i fenomeni. Il loro modo di operare è quello dell'astrazione della parte dall'intero a cui appartengono e della fissazione della forma; resta esclusa la possibilità di comprendere la dinamica della metamorfosi e quindi quei fenomeni che hanno un legame con la vita. D'altra parte Goethe è altrettanto avversario dell'interpretazione storica dei fenomeni, perché le leggi della trasformazione non sono dimostrabili con lo sviluppo della storia. Nonostante i buoni rapporti formali che Goethe aveva con Hegel (migliori erano quelli di Hegel verso Goethe), il rifiuto goethiano della concezione hegeliana della storia e del metodo dialettico che essa utilizza è molto netto: la giudicava una metafisica che cerca la giustificazione necessaria e razionale dell'accadere e la legittimazione deterministica dell'esistente.[25]

Il modello di spiegazione matematico e storicistico non ha possibilità di accedere alla reale comprensione dei fenomeni, del divenire della forma, delle regole della metamorfosi. Goethe si trova così a respingere contemporaneamente le due metodologie e le due prospettive filosofiche fondamentali della sua cultura (che sono, nell'insieme, alla base della cultura contemporanea). In questa difficile estraneità al suo tempo, in questo tentativo di individuare un modello capace di spiegazione e significazione dei fenomeni, in alternativa a quelli meccanicistici e storicistici della sua cultura, possiamo vedere la sintesi dell'opera di Goethe. Egli intuisce che il modello dialettico, inteso come spiegazione del divenire dell'essere, non può risultare, nella sua effettiva utilizzazione, che storico; che una dialettica storica non può che essere deterministica, nel senso che il modo in cui viene razionalizzato, giustificato e superato il negativo, e con esso l'intero movimento dell'essere, è staticamente e meccanicisticamente predeterminato, non ammettendo al suo interno quella forza di trasformazione metamorfica che appartiene alla vita della natura.

Per Goethe, determinismo e meccanicismo sono già nella concezione dialettica della storia e nei modelli costruiti sulla relazione tra aritmetica e geometria. La tragedia di Faust nasce dalla consapevolezza che la propria salvezza è nella totalità metamorfica, è nel poter anch'egli essere "foglia", e nella necessità di dover prolungare nell'eterno l'istante della propria formazione mentre invece è costretto a vivere dentro modelli conoscitivi-interpretativi matematici e storicistici in cui non c'è possibilità di formazione, se non quella di seguire la costrizione e la violenza del determinismo meccanicistico. La tragedia di Faust è la lotta per riuscire a sottrarre il proprio io dall'inserimento nella Storia, intesa come necessità e sviluppo causale di eventi, per evitare di dover pensare, come unica condizione della sua possibilità di esistere, la propria soggettività come frantumazione dell'organicità del rapporto io-mondo-dio.

La formazione non è un processo di elevazione spirituale, e la forma non è una struttura astratta e isolata dal tutto. La metamorfosi è forza che riconduce la forma nella pulsione della vita sensibile: Faust dopo la discesa alle Madri, che essendo la sede delle immagini è il luogo in cui si può raggiungere il grado più alto della conoscenza, « non ha niente altro da superare ».[26] Ma perché la forma-Faust non risulti ora troppo lontana e astratta dalla realtà sensibile, Goethe inventa subito, nelle scene immediatamente successive, una nuova formazione, la cui metamorfosi rappresenta visibilmente il percorso in senso discensionale, verso il corpo, della forma. Nel laboratorio di Wagner, un allievo di Faust, tra alambicchi e apparecchi fantastici « viene fabbricato un uomo ». Il progetto alchemico della fabbricazione dell'uomo si realizza: nasce Homunculus; ma l'essere che prende vita dalla scienza dell'uomo è una forma astratta: è solo spirito, « è venuto al mondo così, a metà »,[27] per nascere realmente deve possedere un *corpo*. La forma-Homunculus, fabbricata dalla scienza, deve perciò seguire anch'essa la sua formazione metamorfica. E Proteo, il dio della metamorfosi, durante la notte classica di Valpurga, spiegherà a Homunculus le tappe della sua formazione per poter avere anch'egli il corpo. La formazione si compie quando la pura spiritualità di Homunculus avvertirà « uno strapotente desiderio » di fronte a Galatea, bellissima sul suo trono di conchiglia, e il « pulsare dell'amore » lo porterà verso di lei a dissipare la sua spiritualità. Nel perdersi, Homunculus troverà « Eros, che sta al principio di ogni cosa » [28] e con Eros il proprio corpo.

La forma spirituale astratta che la scienza aveva generato, nella sua metamorfosi incontra la vita.

NOTE

[1] G. Simmel, *Kant und Goethe. Zur Geschichte der modernen Weltanschauung*, Leipzig 1916[3], p. 45.

[2] J. W. Goethe, *Materialen zur Geschichte der Farbenlehre*, Hamburger Ausgabe, Bd. 14, Hamburg 1976, p. 170.

[3] Tutte le citazioni dalle lettere di Goethe sono tratte dalla *Gedenkausgabe der Werke, Briefe, Gespräche Goethes*, Bde. 18-21, Zürich, Artemis Verlag, 1951.

[4] *Dauer im Wechsel* (1803): « Laß den Amfang mit dem Ende / Sich in Eins zusammenziehen! / Schneller als die Gegenstände / Selber dich vorüberfliehn!... »

[5] Alles geben die Götter, die unendlichen, / Ihren Lieblingen ganz, / Alle Freuden, die unendlichen, / Alle Schmerzen, die unendlichen ganz (1777).

[6] J. W. Goethe, *Faust*, trad. it. di G. V. Amoretti, Milano, Feltrinelli, 1980, vol. I, p. 317.

[7] *Ibid.*, p. 319.

[8] *Ibid.*, p. 319.

[9] *Ibid.*, pp. 319-20.

[10] *Ibid.*, p. 323.

[11] *Ibid.*, p. 321.

[12] Cfr. in proposito tra gli studi più recenti: H. B. Nisbet, *Goethe and the Scientific Tradition*, London 1972; D. Kuhn, *Grundzüge der goetheschen Morphologie*, « Goethe Jahrbuch », Bd. 95, 1978, pp. 199-211.

[13] J. W. Goethe, *Viaggio in Italia*, in *Opere*, Firenze, Sansoni, 1963, vol. II, p. 493.

[14] *Ibid.*, pp. 738-39.

[15] *Ibid.*, p. 801.

[16] *Ibid.*, p. 739.

[17] J. W. Goethe, *Teoria dei colori*, Milano, Il Saggiatore, 1979, p. 57.

[18] Cfr. i saggi sulla *Teoria generale della natura* pubblicati in questo volume.

[19] Si veda per esempio come F. Heinemann, *Goethe's Phenomenological Method*, in «Philosophy », IX, 1934, pp. 67-81, ha messo in luce la possibilità di interpretare la metodologia di Goethe come un'anticipazione della fenomenologia di Edmund Husserl. Recentemente la filosofia di Goethe è stata interpretata in una prospettiva molto vicina a quella di tipo fenomenologico, solo che il termine di confronto è divenuto il pensiero di Ludwig Wittgenstein, con l'interessante risultato di contribuire per altra via all'eliminazione di interpretazioni idealistiche e metafisiche che hanno per lungo tempo dominato la lettura dell'opera di Goethe. Si veda: G. Hallet, *A Companion to Wittgenstein's "Philosophical Investigations"*, Ithaca 1977; e il saggio di J. Schulte, *Coro e legge, Il "metodo morfologico" in Goethe e Wittgenstein*, « Intersezioni », n. 1, 1982, pp. 99-124.

[20] Analogamente la fenomenologia di Husserl prende in esame formazioni ideali come la geometria e il linguaggio.

[21] J. W. Goethe, *Viaggio in Italia, cit.*, p. 859.

[22] R. D. Gray, *Goethe the Alchemist*, Cambridge 1952.

[23] *Ibid.*, pp. 88-90.

[24] Così Goethe a Eckermann il 2 agosto 1830, cfr. *Gedenkausgabe, cit.*, Bd. 24, *Johann Peter Eckermann, Gespräche mit Goethe in den letzten Jahren seines Lebens*, Zürich 1948.

[25] La bibliografia sui rapporti tra Hegel e Goethe è molto vasta. Sottolineo due studi classici con tesi contrastanti: la ricostruzione della cultura filosofica goethiana a opera di K. Vorländer, *Goethes Verhältnis zu Kant*

in seiner historischen Entwicklung, « Kant-Studien », I, 1897, pp. 60-99 e 315-51; II, 1899, pp. 161-211; e quella di J. Hoffmeister, *Goethe und der deutsche Idealismus*, Leipzig 1932. Molto interessante è l'opera recente di H. Hamm, *Der Theoretiker Goethe*, Berlin 1975, anche per le contraddizioni che in essa emergono. La tesi fondamentale dell'autore è che Goethe è il « battistrada del pensiero dialettico » (p. 78). Le prese di posizione di Goethe nei confronti della dialettica hegeliana si colgono molto bene nei colloqui con Eckermann, e a proposito si può anche leggere la lettera a Seebeck (28 novembre 1812): « Es ist wohl nicht möglich, etwas Monströseres zu sagen. Die ewige Realität der Natur durch einen schlechten sophistischen Spaß vernichten zu wollen, scheint mir eines vernünftigen Mannes ganz unwürdig. » (È assolutamente impossibile dire qualcosa di più mostruoso. Mi sembra del tutto indegno di una persona ragionevole [Hegel] voler annullare con un brutto scherzo sofistico l'eterna realtà della natura.)

[26] J. W. Goethe, *Faust*, *cit.*, vol. II, Milano 1976, p. 399.

[27] *Ibid.*, p. 457.

[28] *Ibid.*, p. 467.

Notizia sulla vita e l'opera di J. W. Goethe

1749
28 agosto. Johann Wolfgang Goethe nasce a Francoforte sul Meno. I suoi primi anni sono ricchi di impressioni: la guerra dei Sette Anni, l'occupazione francese della città. La rigorosa educazione paterna e il temperamento gioviale e affettuoso della madre accompagnano gli anni della sua infanzia.

1765-68
Studia all'università di Lipsia giurisprudenza ma anche medicina e scienze naturali. Legge con amore Lessing e Gleim; le opere del Winckelmann lo mettono in contatto con l'antichità e l'arte classica. Scrive la commedia pastorale *Die Laune des Verliebten* (Il capriccio dell'innamorato).

1768-69
Una grave malattia lo costringe a tornare a Francoforte. Durante la degenza conosce un'amica di famiglia, Susanne von Klettenberg (la futura "anima bella" del Meister) che lo avvicina alla religione pietista. In questo periodo, inizia la lettura di scrittori mistici e neoplatonici, come Basilio, Valentino, Paracelso.

1770
Si reca a Strasburgo per terminare gli studi. Qui incontra Herder, la cui amicizia sarà determinante nella sua formazione culturale. Herder gli fa conoscere e apprezzare il valore culturale di Ossian, di Shakespeare e della poesia popolare. Ama Friederike Brion, figlia del pastore protestante di Sesenheim.

1771
Torna a Francoforte con il titolo di "licentiatus juris", ma la professione di avvocato non gli occupa molto tempo, anche perché il padre cura per lui i pochi processi che gli affidano. Il tempo lo dedica alla poesia e alla ricerca letteraria. Risale a quest'anno la prima stesura del *Götz von Berlichingen.*

1772
Tra maggio e settembre Goethe è a Wetzlar presso il tribunale della Ca-

mera imperiale. In questo periodo si innamora della fidanzata del suo amico J. Ch. Kestner, Charlotte Buff, una vicenda che sarà ripresa nel *Werther.*

1773-74
A Francoforte, entra in rapporto con J. Lavater, e grazie ai suggerimenti dello scienziato dà una prima definizione ai suoi interessi per le scienze naturali. Incontra i fratelli Jacobi, Klopstock, il duca Karl August di Weimar. Continua le letture degli scrittori mistici, J. Böhme e Swedenborg, e di Spinoza. Scrive la seconda edizione del *Götz,* il *Prometeo,* il dramma *Clavigo,* e il romanzo epistolare *Die Leiden des jungen Werthers,* che gli darà successo e fama internazionale. Ama Lili Schönemann a cui dedica liriche bellissime. Viaggio in Svizzera con gli Stolberg.

1775
Manifesta i primi interessi per gli studi di botanica, anche se, quando leggiamo la sua autobiografia, vediamo che fin dalla giovinezza era attratto dall'osservazione del « bel giardino del mondo » che solo sa rivelare « i segreti dell'universo ». I colloqui con Lavater e lo studio delle sue opere gli suggeriscono la scrittura dei *Beiträge* (Contributi) ai *Physiognomische Fragmente* di Lavater. Rompe il fidanzamento con Lili e accetta l'invito del duca Karl August a recarsi a Weimar, dove arriva alle cinque di mattina del 7 novembre. All'inizio ha incarichi di scarso rilievo, che diventano con il tempo sempre più importanti nel governo del piccolo stato di Weimar. Nel dicembre legge alla corte del duca le scene che ci sono giunte come *Urfaust.*

1776-86
Durante il suo primo decennio a Weimar, diviene membro del consiglio segreto del duca. A contatto con la natura, di fronte ai problemi da risolvere nelle miniere ducali di Ilmenau, Goethe avvicina interessi di ordine pratico a studi scientifici di mineralogia, anatomia, botanica. Weimar, da modesta capitale di un ducato arretrato, diviene, per la sua attività di riformatore e organizzatore, un centro culturale di prim'ordine, e per suo interessamento vi si stabiliscono anche Herder e Wieland. In questo periodo, nonostante la presenza alla corte di Weimar di scrittori e scienziati di grande fama, la persona che ha su di lui la maggiore influenza è Charlotte von Stein, donna intelligente, riflessiva, raffinata. La sua amicizia, il suo amore, hanno lasciato in Goethe la traccia più profonda e ricca di significato. Di questo decennio sono le prime stesure dei tre grandi drammi, *Ifigenia, Egmont, Tasso,* e del romanzo *Wilhelm Meisters Lehrjahre.* In una lettera a Herder (1784) Goethe gli comunica la scoperta dell'osso intermascellare nell'uomo. Fra il marzo e il maggio del 1784 scrive *Dem Menschen wie den Tieren ist ein Zwischenknochen der obern Kinnlade zu zuschreiben* (All'uomo come agli animali dev'essere attribuito un osso intermedio del mascellare superiore). Dello stesso anno è il saggio *Über den Granit* (Sul granito) che doveva costituire l'introduzione a un progettato *Romanzo dell'universo.*

1786
Il desiderio di una realtà nuova di fronte alla vecchia e limitata corte weimariana, l'amore per la classicità e i colori della natura mediterranea lo spingono verso l'Italia. Il 28 agosto lascia improvvisamente Karl August e Herder ai bagni di Karlsbad, e il 3 settembre si mette in viaggio. Il 4 è a Regensburg, il 6/7 a Monaco, il 7 a Mittenwald, l'8 a Innsbruck e al Brennero, il 9/10 a Bolzano, il 10/11 a Trento, il 13 a Malcesine, il 14 a

Verona, il 19 a Vicenza, il 26 a Padova, dove nel giardino botanico della città ha le prime idee sulla presenza di una possibile pianta originaria. Questa corsa entusiasta verso il sole mediterraneo trova sosta a Venezia, dove si trattiene fino al 14 ottobre. Quindi giunge a Roma e qui conclude *Ifigenia.*

1787-88
Arriva a Napoli e in Sicilia, e quindi secondo soggiorno a Roma. Termina *Egmont.* Fra aprile e giugno fa ritorno a Weimar.

1788-89
Il modo di vita di Weimar non si concilia più con lo stile classicista che Goethe ha riportato dall'Italia: di qui si origina il suo progressivo isolamento dal mondo e dalla cultura tedesca. Inizia la convivenza con Christiane Vulpius, più tardi sua moglie, mentre si scioglie il legame con Charlotte von Stein. Abbandona alcuni incarichi governativi, dedicandosi più intensamente alla ricerca scientifica e all'attività letteraria. Conclude il *Tasso,* scrive le *Römische Elegien* e *Das römische Karnevale.*

1790
Secondo viaggio in Italia. Pubblica *Die Metamorphose der Pflanzen* e inizia gli studi sulla teoria dei colori, scrive *Venetianische Epigramme* e rivede per la pubblicazione ciò che ha scritto del *Faust* (si tratterà, in sostanza, dell'*Urfaust*).

1791-94
Vengono pubblicati i primi due fascicoli dei *Beiträge zur Optik* (Contributi di ottica, 1791). Campagna di Francia e battaglia di Valmy (1792), assedio di Magonza (1793). Inizia (1794) l'amicizia con Schiller (colloquio sulla pianta originaria) e la collaborazione alla rivista « Die Horen ». Riceve la visita di Hölderlin a Weimar.

1795-1800
Scrive il saggio di anatomia *Erster Entwurf einer allgemeine Einleitung in die vergleichende Anatomie* (Primo abbozzo di un'introduzione generale all'anatomia comparata). Sono gli anni della collaborazione con Schiller, delle grandi e appassionate polemiche letterarie (le *Xenien*). Scrive la stesura definitiva di *Wilhelm Meisters Lehrjahre,* delle *Unterhaltungen deutscher Ausgewanderten* (Conversazioni di emigrati tedeschi), di *Hermann und Dorotea* e dell'*Achilleis.* Viene fondata la rivista « Die Propyläen », in cui Goethe pubblica vari saggi di arte figurativa.

1801-1808
Sono gli anni in cui Goethe dà organicità ai suoi studi scientifici, cercando di selezionare il materiale in vista di una sua complessiva pubblicazione. S'interessa di poesia medievale e popolare, s'impegna attivamente nell'organizzazione culturale. Ha rapporti con i massimi esponenti della cultura tedesca: Hegel, Schelling, Kleist, Zelter. Dopo la morte di Schiller (1805), inizia per Goethe una fase di delusione e di crisi, nonostante che la sua fama stia crescendo ogni giorno di più, e si sente isolato ed estraneo alle esperienze culturali del suo paese. È invece attirato dalla cultura francese, inglese e italiana. Traduce la *Vita* di Cellini, il *Neveu de Rameau* di Diderot; scrive il dramma *Die natürlische Tochter* (La figlia naturale) e, nel

1808, *Pandora* e il saggio su Winckelmann. Nella primavera del 1808 pubblica *Faust, der Tragödie erster Teil* (Faust, prima parte della tragedia). Pubblica il saggio di geologia, *Sammlung zur Kenntnis der Gebirge von und um Karlsbad angezeigt und erläutert von Goethe* (1807) (Raccolta per la conoscenza delle montagne di e intorno a Karlsbad segnalate e chiarite da Goethe). Il 2 ottobre 1808 incontra per la prima volta Napoleone a Erfurt.

1809-1827
Pubblica il romanzo *Die Wahlverwandschaften* (Le affinità elettive). Di questo stesso periodo è anche l'ampia biografia *Aus meinem Leben. Dichtung und Wahrheit* (Dalla mia vita. Poesia e verità). Esce il saggio di geologia *Der Kammerberg bei Eger, beschrieben von Herrn Geheimrath von Goethe* (Il Kammerberg presso Eger, descritto dal signor Consigliere segreto von Goethe, 1809). Mentre Goethe continua ad ampliare il *Wilhelm Meister*, viene pubblicato *Farbenlehre* (1810) che incorpora anche gli studi di ottica del 1791. Da un approfondito studio della poesia orientale, in particolare persiana, nascono le liriche del *Westöstlicher Divan* (Divano occidentale-orientale, 1814-19). Conclude gli studi sulla teoria dei colori e pubblica i suoi saggi scientifici in due volumi, *Zur Naturwissenschaft überhaupt, besonders zur Morphologie. Erfahrung, Betrachtung, Folgerung, durch Lebensereignisse verbunden* (Sulla scienza della natura in generale, in particolare sulla morfologia. Esperienza, osservazione, conseguenze connesse agli eventi della vita, 1817-24), che comprendono pagine inedite di botanica, zoologia, geologia e riflessioni sulla natura e sulla scienza. Con scritti sull'arte e sulla letteratura collabora alla rivista « Kunst und Altertum ». I suoi interessi, la vita intellettuale di questi anni sono testimoniati nei *Colloqui*, registrati dal suo segretario J. Eckermann. L'estremo grande amore del vecchio Goethe per Ulrike von Lewetzov ispirò l'ultima sua stupenda lirica, l'*Elegia* detta di Marienbad, 1823.

1828-32
In questi anni Goethe continua a lavorare al *Faust*. È pubblicata la sua corrispondenza con Schiller, insieme con *Italienische Reise* (Viaggio in Italia, 1828), e l'ultima parte di *Dichtung und Wahrheit*, 1831. Nel 1829 la prima parte del *Faust* viene rappresentata a Weimar e in altre città tedesche. Agli inizi del 1832 Goethe sta ancora lavorando al *Faust* per apportare nuove modifiche e correzioni a un'opera che lo accompagnava ormai da sessant'anni. Segue il grande dibattito che si svolge all'Accademia francese delle scienze, nel 1830 e 1832, tra Cuvier e Saint-Hilaire sull'origine e la formazione delle specie viventi. Goethe scrive in proposito *Principes de Philosophie zoologique. Discutés en Mars 1830 au sein de l'Académie royale des sciences par Mr. Geoffroy de Saint-Hilaire*. Tra il 1829 e il 1831 scrive un saggio in cui sposa le tesi nettuniste sull'origine della terra, sostenute dal suo amico geologo A. G. Werner, *Verschiedene Bekenntnisse* (Confessioni diverse).
Muore il 22 marzo. Alla fine dell'anno, curato da Reimer e Eckermann, appare *Faust, der Tragödie zweiter Teil* (Faust, seconda parte della tragedia).

Nota bibliografica

Opere scientifiche pubblicate da Goethe

J. W. von Goethe Herzoglich Sachsen-Weimarischen Geheimenraths Versuch die Metamorphose der Pflanzen zu erklären, Gotha, Carl Wilhelm Ettinger, 1790;

Sammlung zur Kenntnis der Gebirge von und um Karlsbad angezeigt und erläutert von Goethe, Karlsbad 1807;

Der Kammerberg bei Eger, beschrieben von Herrn Geheimerath von Goethe, in: *Leonhards Taschenbuch für die gesamte Mineralogie*, Frankfurt 1809;

Zur Naturwissenschaft überhaupt, besonders zur Morphologie. Erfahrung, Betrachtung, Folgerung, durch Lebensereignisse verbunden, Stuttgart-Tübingen 1817-1824;

Principes de Philosophie Zoologique. Discutés en Mars 1830 au sein de l'Académie royale des sciences par Mr. Geoffroy de Saint-Hilaire, Paris 1830;

Versuch über die Metamorphose der Pflanzen. Übersetzt von Friedrich Soret, nebst geschichtlichen Nachträgen, Stuttgart 1831;

Über den Zwischenkiefer des Menschen und der Tiere, Jena 1786;

Joseph Müllersche jetzt David Knollsche Sammlung zur Kenntnis der Gebirge von und um Karlsbad, angezeigt und erläutert von Goethe 1807, Prag 1832.

Scritti sulla scienza della natura compresi nelle *Opere complete*

Goethes Werke. Vollständige Ausgabe letzter Hand, Stuttgart-Tübingen 1827-1842;

Goethes Werke. Nach den vorzüglichsten Quellen revidierte Ausgabe, Berlin s.d. (1868-79). Bd. 33-36 *zur Naturwissenschaft* (a cura di S. Kalischer);

Goethes Werke. Kürschners Deutsche National-Literatur (a cura di R. Steiner); Berlin-Stuttgart s.d. (1882-97);

Goethes Werke. Hrsg. im Auftrage der Grossherzogin Sophie von Sachsen, Abt. II, Bd. 6-8 *Morphologie*, 9-10 *Geologie*, 11 *Allgemeine Naturwissenschaft*, 12 *Meteorologie*, 13 *Paralipomena* (a cura di R. Steiner e K. von Bardeleben).

Goethes sämtliche Werke. Jubiläumsausgabe (a cura di M. Morris); Stuttgart-Berlin s.d. (1902-07). Bd. 39-40 *zur Naturwissenschaft*;
Goethes Werke unter Mitwirkung mehrerer Fachgelehrter, Leipzig-Wien s.d. (1901-08). Bd. 29-30 *Zur Naturwissenschaft* (a cura di W. Bölsche);
Goethes Werke. Vollständige Ausgabe in vierzig Teilen. Auf Grund der Hempelschen Ausgabe neu herausgegeben, Berlin, Leipzig, Wien, Stuttgart, Bong & Co., 1909 sgg. teil 36-40 *zur Naturwissenschaft* (a cura di S. Kalischer);
Johann Wolfgang Goethe Gedenkausgabe der Werke, Briefe und Gespräche, Zürich, Artemis Verlag, 1949-53. Bd. 16-17 *zur Naturwissenschaft* (a cura di H. Fischer);
Johann Wolfgang von Goethe. Werke Kommentare und Register Hamburger Ausgabe, Hamburg 1955-1971. Bd. 13-14 *Naturwissenschaftliche Schriften* (a cura di D. Kuhn e R. Wankmüller).

Edizioni particolari

Goethes Naturwissenschaftliche Schriften, Stuttgart-Berlin s.d.;
Goethes Naturwissenschaftliche Schriften (a cura di R. Steiner); Stuttgart-Berlin-Leipzig 1921;
Goethes Naturwissenschaftliche Schriften (a cura di G. Ipsen), Leipzig 1925;
Goethes Schriften über die Natur, Bd. 62, 1928;
Goethes morphologische Schriften (a cura di W. Troll), Jena 1926;
Goethe. Die Schriften zur Naturwissenschaft, detta "Leopoldina", (a cura di D. Kuhn, W. von Engelhardt, W. Troll e L. Wolf), Weimar 1947 sg.;
Corpus der Goethezeichnungen. Bd. V A und B. *Naturwissenschaftliche Zeichnungen* (a cura di R. Matthaei, D. Kuhn, O. Wagenbreth, K. Schneider-Carius, G. Femmel), Leipzig 1963 e 1967.

Corrispondenza sui problemi di scienza della natura

Bratranek, F. Th., *Goethes naturwissenschaftliche Correspondenz*, Leipzig 1874;
Schade, O., *Briefe des Großherzogs Carl August und Goethes an Döbereiner*, Weimar 1856;
Schiff, J., *Briefwechsel zwischen Goethe und Johann Wolfgang Döbereiner (1810-1830)*, Weimar 1914;
Sauer, A., *Goethes Briefwechsel mit Joseph Sebastian Grüner und Joseph Stanislaus Zauper (1820-1832)*, Prag 1917;
Geiger, L., *Goethes Briefwechsel mit Wilhelm und Alexander v. Humboldt*, Berlin 1909;
Martius, A. von, *Goethe und Martius*, Mittenwald 1932;
Wagner, K., *Briefe an Johann Heinrich Merck von Goethe, Herder, Wieland und anderen bedeutenden Zeitgenossen*, Darmstadt 1835;
Wagner, K., *Briefe an und von Johann Heinrich Merck*, Darmstadt 1838;
Ruska, J., *Nachlese zum Briefwechsel Goethe – Nees von Esenbeck. Sudhoffs*, Bd. 28, 1936;
Wagner, R., *Samuel Thomas Sömmerrings Leben und Verkehr mit seinen Zeitgenossen*, I. Abt., I. Bd., Leipzig 1844;
Bratranek, F. Th., *Briefwechsel zwischen Goethe und Kaspar Graf von Sternberg (1820-1832)*, Wien 1866.

Nota a questa edizione

Nella prima parte di questa edizione presentiamo gli scritti di botanica pubblicati da Goethe per la prima volta insieme a *Zur Naturwissenschaft überhaupt, besonders zur Morphologie*, Bd. I, Heft I, Stuttgart 1817-1822 (edizione citata nelle Note come *Zur Morphologie*); ora ripubblicati in J. W. Goethe, *Die Schriften zur Naturwissenschaft*, Abt. I, Bd. 9, a cura di D. Kuhn, Hermann Bölaus Verlag, Weimar 1954 (edizione citata nelle Note con la sigla WA). Inoltre, seguendo il criterio di pubblicazione della *Gedenkausgabe der Werke, Briefe und Gespräche Goethes*, Bd. 17, *Naturwissenschaftliche Shriften*, II, a cura di A. B. Wachsmuth, Zürich, Artemis Verlag, 1949, e della Hamburger Ausgabe, Bd. 13, *Naturwissenschaftliche Schriften*, I, a cura di D. Kuhn e R. Wankmüller, Hamburg 1955, abbiamo aggiunto all'originaria raccolta goethiana i saggi: *Vorarbeiten zur Morphologie, Vorarbeiten zu einer Physiologie der Pflanzen, Nacharbeiten und Sammlungen.*

Nella seconda parte, *Teoria generale della natura*, pubblichiamo tutti i saggi raccolti con questo titolo nella Hamburger Ausgabe, Bd. 13, ai quali abbiamo aggiunto, seguendo le indicazioni della Gedenkausgabe, Bd. 16, *Naturwissenschaftliche Schriften*, I, i saggi: *Polarität, Vorschlag zur Güte, Zur Philosophie, Maximen und Reflexionen*, n. 488.

Si è utilizzata, dove c'era, la traduzione italiana di Bruno Maffi (apparsa in: J. W. Goethe, *Opere*, vol. V, Firenze, Sansoni, 1962). Il curatore ha tradotto: *Nacharbeiten und Sammlungen, Glückliches Ereignis, Studie nach Spinoza, Freundlicher Zuruf, Probleme, Ernst Stiedenroth: Psychologie zur Erklärung der Seelenerscheinungen, Naturphilosophie, Polarität, Zur Philosophie, Entdeckung eines trefflichen Vorarbeiters, Caspar Friedrich Wolf über Pflanzenbildung, Wenige Bemerkungen*, e dalle *Maximen und Reflexionen.* La traduzione di *Vorarbeiten zur Morphologie* è di Bruno Groff.

Per le note ai testi ci siamo valsi del commento e delle chiarificazioni contenute nella Hamburger Ausgabe.

LA METAMORFOSI DELLE PIANTE

E ALTRI SCRITTI SULLA SCIENZA DELLA NATURA

Parte prima: *Botanica*
Formazione e trasformazione delle nature organiche

Guarda: mi corre davanti
prima che lo veda,
Si tramuta prima
che l'osservi.

Giobbe

GIUSTIFICAZIONE DELL'IMPRESA*

L'uomo spinto a osservare, quando comincia a sostenere una lotta con la natura, prova dapprima l'irresistibile impulso di subordinare a sé gli oggetti. Ma ben presto questi gli s'impongono con una tale forza, ch'egli capisce quanto abbia ragione di riconoscerne il potere e di rispettarne l'azione. E, appena si convince di questo reciproco influsso, ha coscienza di un doppio infinito: dalla parte degli oggetti, la molteplicità dell'essere e del divenire, e di rapporti che s'intrecciano in modo vivente; da parte sua, la possibilità di un perfezionamento illimitato, sia e in quanto egli adatti la sensibilità e il giudizio a forme sempre nuove di ricezione e reazione. Tutto ciò procura un godimento elevato, e deciderebbe da solo della felicità della vita, se ostacoli interni ed esterni non si opponessero alla bella corsa verso un appagamento completo. Gli anni che prima davano, ora cominciano a togliere; nella nostra modestia ci accontentiamo del già acquisito, e ne godiamo tanto più in silenzio, quanto meno possiamo contare su una partecipazione pura, sincera e animatrice dall'esterno.

Sono pochi, invero, quelli che si entusiasmano di ciò che appare soltanto allo spirito. I sensi, il sentimento, la passione, esercitano su di noi un potere ben più forte; e non a caso, poiché siamo nati non già per osservare e meditare, ma per vivere.

Purtroppo, si trova di rado, anche in coloro che si dedicano al conoscere e al sapere, la partecipazione che sarebbe desiderabile. Per chi esercita la facoltà dell'intelletto, per chi afferma il peculiare, per chi osserva e distingue con cura, ciò che viene da

* Titolo originale: *Das Unternehmen wird entschuldigt.*

un'idea e ad essa riconduce è, per così dire, di peso. Nel proprio labirinto egli sta, a modo suo, di casa, senza doversi affannare alla ricerca di un filo che ve lo guidi più in fretta; per lui, un metallo non coniato e non passibile di computo è una proprietà fastidiosa. Chi, invece, guarda le cose da un punto di vista superiore, facilmente disprezza il fatto singolo, e costringe in un'universalità che tutto uccide ciò che ha vita soltanto per sé.

In questo conflitto noi ci troviamo già da gran tempo. Molto in tali condizioni è stato fatto, e molto distrutto; e io non cederei alla tentazione di affidare i miei punti di vista sulla natura, in una fragile barchetta, all'oceano delle opinioni se, nell'ora appena trascorsa del pericolo,[1] non avessi sentito quale valore conservino per noi i fogli nei quali, un tempo, fummo indotti a registrare una parte del nostro essere.

Quella che più volte, in giovanile baldanza, sognai come opera compiuta, esca dunque come semplice abbozzo, e operi e giovi per quello che è.

Tanto dovevo dire per raccomandare alla benevolenza dei miei contemporanei questi vecchi schizzi, di cui, tuttavia, singole parti sono più o meno svolte. Molte cose che si potrebbero aggiungere saranno meglio introdotte nel corso del lavoro.

Jena 1807.

INTRODUZIONE ALL'OGGETTO*

Osservando le cose naturali, ma soprattuto gli esseri viventi, col desiderio di penetrare nell'insieme organicamente collegato del loro esistere e del loro agire, noi crediamo di riuscirvi meglio scomponendoli in parti; e, certo, questo procedimento ci permette di fare molta strada. Basta un cenno per ricordare agli amici del sapere tutto ciò che dobbiamo alla chimica e all'anatomia umana per la comprensione e la visione generale della natura.

Senonché questi sforzi analitici, portati continuamente innanzi, recano in sé molti svantaggi. Ciò che prima era vivo è bensì scomposto in elementi; ma da questi non si può ricomporlo né, tanto meno, ridargli vita. Questo vale già per molti corpi inorganici; non parliamo poi di quelli organici.

Perciò, in tutti i tempi, gli scienziati hanno sentito il bisogno di conoscere il vivente in quanto tale, di vederne in mutuo rapporto le parti esterne visibili e tangibili, di considerarle indizi

* Titolo originale: *Die Absicht eingeleitet.*

del loro interno, e per tal modo dominare l'intero, per così dire, in una visione intuitiva. Come quest'aspirazione scientifica si ricolleghi all'impulso artistico ed imitativo, non occorre insistere.

Di conseguenza, nel divenire dell'arte, del conoscere e della scienza s'incontrano ripetuti tentativi di fondare e svolgere una dottrina, che a noi piace chiamare *Morfologia*. Sotto quante forme diverse questi tentativi si presentino, vedremo nella parte storica.[2]

Per indicare il complesso dell'esistenza di un essere reale, il tedesco si serve della parola *Gestalt*, forma; termine nel quale si astrae da ciò ch'è mobile, e si ritiene stabilito, concluso e fissato nei suoi caratteri, un tutto unico. Ora, se esaminiamo le forme esistenti, ma in particolar modo le organiche, ci accorgiamo che in esse non v'è mai nulla d'immobile, di fisso, di concluso, ma ogni cosa ondeggia in un continuo moto. Perciò il tedesco si serve opportunamente della parola *Bildung*, formazione, per indicare sia ciò che è già prodotto, sia ciò che sta producendosi.

Ne segue che, in una introduzione alla morfologia, non si dovrebbe parlare di forma e, se si usa questo termine, avere in mente soltanto un'idea, un concetto, o qualcosa di fissato nell'esperienza solo per il momento.

Il già formato viene subito ritrasformato; e noi, se vogliamo acquisire una percezione vivente della natura, dobbiamo mantenerci mobili e plastici seguendo l'esempio ch'essa stessa ci dà.

Se scomponiamo anatomicamente un corpo e procediamo a dividerne le parti in ciò in cui esso è scomponibile, giungeremo infine a quei primi inizi che si sono chiamati parti similari. Ma prescindiamone per ora, e richiamiamo invece l'attenzione su una massima superiore dell'organismo, che esporremo come segue.

Ogni vivente non è un singolo, ma una pluralità; anche presentandosi come individuo, rimane tuttavia un insieme di esseri viventi ed autonomi, che, eguali secondo l'idea e per natura, appaiono empiricamente identici o simili, diversi o dissimili. Questi esseri sono in parte fin dalle origini uniti, in parte si trovano e si riuniscono in seguito, si dividono e tornano a cercarsi, generando una produzione infinita in tutti i modi e in ogni direzione.

Quanto più la creatura è imperfetta, tanto più queste parti sono uguali o simili tra loro, tanto più assomigliano al tutto; quanto più la creatura è perfetta, tanto più queste parti sono reciprocamente dissimili. Nel primo caso, il tutto è più o meno eguale alle parti; nel secondo, il tutto è dissimile dalle parti. Quanto più le parti sono simili, tanto meno sono subordinate le une alle altre: la subordinazione delle parti è indizio di una creatura più perfetta.

Poiché in tutte le formule generali, per quanto meditate, v'è sempre qualcosa d'inafferrabile per chi non sappia applicarle e fornir loro gli esempi necessari, vogliamo, per cominciare, darne solo alcuni, essendo tutto il nostro lavoro dedicato allo sviluppo e all'ampliamento di queste idee e massime.

Che una pianta o, se vogliamo, un albero, i quali tuttavia ci si presentano come individui, si compongano in realtà di parti eguali e simili fra loro e all'intero, non v'è dubbio: basti pensare a quante piante vengano moltiplicate per propaggini. La gemma dell'ultima varietà di un albero da frutta "butta" un ramoscello, che a sua volta produce un gran numero di gemme eguali; e in modo analogo si compie la propagazione per mezzo dei semi. Essa non è che lo sviluppo dal grembo della pianta-madre di una quantità innumerevole di individui identici. Come si vede, il mistero della propagazione mediante semi è già svelato in quella massima; e basta osservare e riflettere attentamente, per accorgersi che lo stesso granello di seme, il quale sembra presentarsi come unità individuale, è già un raggruppamento di elementi simili e eguali.

Si è soliti prendere come tipo caratteristico della germinazione la fava. Orbene, si prenda una fava prima della germinazione, in stato d'inviluppo, e, apertala, vi si troveranno prima di tutto i due cotiledoni – che impropriamente vengono paragonati alla placenta, mentre in realtà si tratta di due vere e proprie foglie, ma tumefatte e rigonfie di una massa farinosa, e anch'esse verdeggianti all'aria e alla luce; – poi si troverà la piumetta, che è tuttavia una coppia di foglie non solo sviluppate, ma capaci di ulteriori sviluppi. Se inoltre si considera che dietro ogni picciolo si nasconde un "occhio" – in potenza se non in atto – si riconoscerà che quel seme in apparenza semplice costituisce una riunione di più individui, che si possono chiamare idealmente eguali ed empiricamente simili.

Ora, appunto nel fatto che l'idealmente eguale possa apparire nell'esperienza come eguale o come simile, o addirittura come del tutto ineguale o dissimile, consiste quella mobile vita della natura, che cercheremo di illustrare in queste pagine. Per maggior chiarezza, vogliamo citare ancora un esempio tratto dal gradino inferiore del regno animale. Esistono infusori che, sotto i nostri occhi, si muovono in un ambiente umido con movimenti abbastanza semplici, ma, appena lasciati a secco, scoppiano emettendo una quantità di granelli nei quali si sarebbero probabilmente divisi per processo naturale anche nell'ambiente umido; e così producono una discendenza innumerevole. Ma ciò può bastare, perché su questi concetti torneremo nel seguito della trattazione.

Piante e animali, presi nel loro stato più incompleto, difficilmente potranno essere distinti. Un centro vitale, ora rigido, ora mobile, ora semirigido, è tutto ciò che colpisce i nostri sensi. Se questi "primi inizi", suscettibili di determinarsi nell'una o nell'altra direzione, possano essere condotti a divenire pianta mercé la luce, o animale mercé il buio, non oseremo decidere, sebbene osservazioni e analogie in proposito non manchino.[3] Possiamo però affermare questo: che le creature a poco a poco emergenti da un'affinità quasi indistinguibile come piante o come animali si perfezionano in due direzioni opposte, finché la pianta trova il suo coronamento nella rigidezza e durata dell'albero, e l'animale si nobilita raggiungendo il massimo di libertà e mobilità nell'uomo.

La gemmazione e la prolificazione sono, ancora una volta, due massime fondamentali dell'organismo, che discendono dal teorema della coesistenza di vari esseri eguali e simili, e la esprimono solo in una doppia enunciazione. Cercheremo di seguire queste due vie attraverso tutto il mondo organico, ottenendo così che molti fenomeni si ordinino ciascuno al suo posto e nel modo più limpido possibile.

Osservando il tipo vegetativo, notiamo immediatamente un sotto e sopra: la parte inferiore è costituita dalla radice, la cui azione si svolge verso terra e appartiene all'umidità e al buio, mentre in senso diametralmente inverso il gambo, il tronco, o ciò che troviamo al suo posto, si protende verso il cielo, l'aria e la luce.

Se osserviamo più da vicino questo mirabile edificio, e il suo modo di slanciarsi in alto, ci imbatteremo in un altro importante principio della natura organica: nessuna vita può agire direttamente sopra una superficie e qui esprimere la sua forza produttiva; l'energia vitale ha bisogno di un involucro che la protegga dai rigori dell'elemento esterno, sia esso acqua o luce o aria, e difenda la sua esistenza delicata, in modo ch'essa compia ciò che alla sua essenza interna appartiene. Tale involucro può presentarsi o come corteccia o come epidermide o come buccia; tutto ciò che deve prendere vita, tutto ciò che deve agire in modo vivo, dev'essere racchiuso in un involucro. Perciò, anche tutto quanto si rivolge verso l'esterno è precocemente votato alla morte e allo sfacelo. Le cortecce degli alberi, le membrane degli insetti, i peli e le penne degli animali, fino all'epidermide dell'uomo, sono tegumenti che permanentemente si staccano, sono deposti e abbandonati in preda alla non-vita, e dietro i quali sempre nuovi involucri si formano, mentre sotto a questi, più o meno superficiale o profonda, la vita tesse la sua trama creatrice.

Jena, 1807.

PREMESSA AL CONTENUTO*

Della presente raccolta è apparso a stampa unicamente il saggio sulla *Metamorfosi delle piante* che, pubblicato a sé nel 1790,[4] doveva incontrare un'accoglienza fredda e quasi ostile. Quest'avversione era però naturale: la teoria dell'"inscatolamento" o "incastro", il concetto di *preformazione* e sviluppo di ciò che esiste fin dai tempo di Adamo, si erano impadroniti anche delle menti in genere più perspicaci: inoltre Linneo, con la forza dominante del suo ingegno, aveva, proprio in merito al processo di formazione della pianta, dato l'avvio a un modo di vedere conforme alla mentalità dell'epoca.

Perciò, il mio onesto sforzo non ebbe conseguenze pratiche e, pago di aver trovato un filo conduttore per il mio cammino silenzioso e solitario, osservai ancor più attentamente il rapporto, la reciproca azione, tra fenomeni normali e abnormi; presi nota di quanto l'esperienza era così generosa da fornirmi, e dedicai tutta un'estate[5] a esperimenti che dovevano spiegarmi come, mediante un eccesso di alimento, si possa impedire la fruttificazione e, mediante un difetto, si riesca ad affrettarla.

Così, disponendo di una serra che potevo illuminare o oscurare a volontà, me ne servii per studiare l'azione della luce sulle piante e, soprattutto, i fenomeni dell'impallidimento e sbiancamento; né trascurai l'impiego di dischi di vetro colorato.

Raggiunta così una prontezza sufficiente nel giudicare le variazioni e metamorfosi organiche del mondo vegetale, nel riconoscerne e derivarne la successione delle forme, sentii il bisogno di una conoscenza altrettanto precisa della metamorfosi degli insetti.[6]

Un punto non era negato da nessuno: il ciclo di vita di questi esseri è una metamorfosi continua, visibile con occhi e tangibile con mani. Le nozioni precedentemente acquisite in lunghi anni di allevamento dei bachi da seta non erano andate perdute; e io le ampliai osservando e facendo riprodurre (in illustrazioni di cui mi son rimaste le più preziose) diversi generi e specie dall'uovo sino alla farfalla.

Nulla qui contraddiceva alla tradizione scritta, e non avevo che da sviluppare uno schema in forma di tabella per allineare in ordine di successione le singole esperienze, e raggiungere una chiara visione generale del mirabile ciclo di vita di queste creature organiche.

Anche di questi sforzi cercherò di rendere ragione, e lo farò

* Titolo originale: *Der Inhalt bevorwortet.*

tanto più serenamente in quanto la mia opinione non contrasta con quella di nessun altro.

Contemporaneamente a questi studi, la mia attenzione si volse all'anatomia comparata degli animali, soprattutto dei mammiferi; disciplina che suscitava già nel pubblico un grande interesse. Molto fecero Buffon e Daubenton; Camper apparve come una meteora di spirito, scienza, ingegno e attività; Sömmering si mostrò degno di ammirazione; Merck applicò a questi problemi il suo fervore sempre vivo: con tutti e tre ero in ottimi rapporti – epistolari con Camper, personali e continui anche a distanza con gli altri.[7]

Nel corso delle ricerche fisiognomiche,[8] la peculiarità e la mobilità delle forme dovevano vicendevolmente attirare la nostra attenzione; studi e discussioni in proposito seguirono anche con Lavater. Più tardi, in occasione di ripetuti e più lunghi soggiorni a Jena, potei, grazie all'instancabile solerzia didattica di Loder,[9] penetrare più a fondo nei problemi della formazione animale e vegetale.

Il metodo già adottato nello studio delle piante e degli insetti mi guidò pure in questa via, giacché, isolando e paragonando le forme, era inevitabile che, anche qui, formazione e trasformazione entrassero vicendevolmente nel discorso.

I tempi erano, tuttavia, più bui di quanto oggi si possa supporre. Per esempio, si affermava che dipendesse soltanto dall'uomo di camminare tranquillamente a quattro zampe, e che gli orsi, se si tenessero per qualche tempo in posizione eretta, potrebbero divenire uomini; e l'audace Diderot suggerì il modo di produrre fauni dal piede caprino, per metterli in livrea a speciale ornamento e distinzione delle carrozze dei ricchi e dei potenti.

A lungo non si è voluto far scoprire dove si trovasse la differenza fra l'uomo e gli animali,[10] finché si credette di distinguere la scimmia da noi perché porta i quattro incisivi in un osso empiricamente isolabile; la scienza oscillava così, fra il serio e lo scherzoso, dal tentativo di confermare mezze verità a quello di dare una tal quale apparenza all'errore, cercando di occuparsi e mantenersi in un'attività capricciosa e arbitraria. La maggior confusione fu tuttavia causata dalla diatriba se si dovesse considerare la bellezza come alcunché di reale, di immanente agli oggetti, o invece come relativa a chi la osserva e riconosce, e quindi convenzionale; anzi, individuale.

Frattanto, io mi ero dedicato all'osteologia, giacché nello scheletro ci è conservato, con sicurezza e per l'eternità, il carattere deciso di ogni forma. Radunai fossili più antichi e più recenti e, durante i miei viaggi, cercai attentamente in musei e gabinetti quelle creature la cui formazione potesse, nell'insieme o nei particolari, riuscirmi istruttiva.

Così facendo, sentii ben presto la necessità di stabilire un *tipo* in base al quale saggiare per concordanza e divergenza tutti i mammiferi e, come già avevo cercato la *Urpflanze*, la pianta originaria, così cercai di trovare l'*Urtier*, l'animale originario, cioè, in definitiva, il concetto, l'idea di animale.

Ad alleggerire, anzi addolcire, questa diligente e faticosa ricerca venne Herder con l'esposizione delle sue *Idee sulla storia dell'umanità*. Le nostre quotidiane conversazioni si aggiravano sui primi inizi dell'acqua-terra e sugli esseri organici che da tempo immemorabile se ne sviluppano. Discutevamo sempre delle origini prime e del loro evolvere incessante, e il nostro patrimonio di conoscenze si arricchiva e si affinava ogni giorno attraverso il mutuo scambio e conflitto d'idee.

Pure con altri amici m'intrattenni con grande fervore su questi temi appassionanti, e queste conversazioni non rimasero senza influsso e vantaggio reciproco. Non è forse presunzione immaginare che molte idee così sbocciate, e immesse per tradizione nel mondo scientifico, diano ora frutti di cui ci rallegriamo, anche se non sempre si ricorda il giardino che primo fornì le barbatelle.

Oggi, grazie a un'esperienza che sempre più si allarga, e a una filosofia che sempre più si approfondisce, molto è entrato nell'uso che, ai tempi in cui furono scritti i saggi qui raccolti, era inaccessibile a me come ad altri. Il contenuto di queste pagine sia quindi visto storicamente, quand'anche lo si dovesse ritenere ormai superfluo, come testimonianza di un'attività silenziosa, tenace e rettilinea.

STORIA DEI MIEI STUDI BOTANICI*

Fin dal mio primo ingresso nel nobile circolo di vita weimariano, io ebbi il privilegio inestimabile di poter scambiare l'aria di casa e di città con l'atmosfera dei campi, dei boschi e dei giardini. Già il primo inverno mi portò le rapide gioie della caccia, per riposarsi dalle quali si trascorrevano le lunghe serate non solo narrando straordinarie avventure di vita nei boschi, ma intrattenendosi a vicenda con indispensabili nozioni di silvicultura. Infatti, i circoli venatori di Weimar erano composti di ottimi boscaioli e sovrintendenti forestali, fra cui si ricorda ancora con venerazione il nome di Sckell;[11] giovani della nobiltà, come il

* Titolo originale: *Geschichte meines botanischen Studiums.*

compianto Wedel,[12] seguivano la stessa orma. Era già in atto una revisione di tutte le riserve basata su misure trigonometriche, e da tempo si prevedeva una ripartizione dei tagli annuali.

Anche la terra cominciava a smuoversi, sotto il profilo economico; si tendeva a sviluppare la coltura dei foraggi; i pascoli erano minacciati da una serie di limitazioni; fra i proprietari terrieri, gli amministratori e i fittavoli, si trovavano uomini esperti e riflessivi; la volontà e le aspirazioni erano dovunque fresche, e piene di speranza.

La città di Weimar possedeva inoltre un uomo meritevole sotto più di un rispetto di altissima stima. Il dottor Buchholz,[13] proprietario dell'unica farmacia, benestante e innamorato della vita, aveva rivolto la sua attività, con mirabile sete di sapere, alle scienze naturali, e si era scelto gli aiuti più opportuni: non per nulla da quest'officina uscì, come vero artista dell'analisi, l'eccellente Göttling.[14] Ogni nuova meraviglia chimico-fisica scoperta all'interno o all'estero veniva riprodotta sotto gli occhi del principale, e comunicata con la massima liberalità ad amici delle scienze. Allo stesso modo, in campo botanico, Buchholz si sforzava, partendo dal cerchio ristretto delle piante officinali, di spaziare nell'intero mondo scientifico e coltivare nel suo giardino piante allora poco note e non comuni.

L'attività di quest'uomo fu posta a maggior frutto pratico e didattico dal giovane principe, per tempo dedicatosi alle scienze, col mettere a disposizione di un istituto botanico vaste aiuole assolate nelle vicinanze di luoghi ombrosi ed umidi, al che diedero subito mano con fervore giardinieri di corte pratici e anziani. I cataloghi ancora esistenti di quest'istituto sono una testimonianza dell'entusiasmo che circondò quei primi inizi.

In tali condizioni, anch'io fui costretto a perfezionare sempre più le mie conoscenze botaniche. La *terminologia* di Linneo, le *Fundamenta* sulle quali doveva sorgere l'artistico edificio, le dissertazioni di Johann Gessner[15] a spiegazione degli *Elementi* linneani, il tutto riunito in un quaderno, mi accompagnavano in tutte le mie passeggiate e ascensioni, e ancor oggi quel fascicoletto mi ricorda i freschi giorni beati in cui quelle pagine dense di contenuto mi dischiusero per la prima volta un mondo nuovo. La *Filosofia botanica*[16] di Linneo era il mio studio quotidiano; così, cercando di assorbire il più possibile della tradizione scritta, io avanzavo nella conoscenza e visione generale della natura.

A quale approdo sia giunto, e come un insegnamento così insolito abbia agito su di me, può forse risultare dal corso di queste comunicazioni; per ora, mi limiterò a riconoscere che l'influenza maggiore, dopo Shakespeare e Spinoza, mi è venuta da Linneo, e proprio attraverso la posizione polemica alla quale egli mi spingeva. Infatti, mentre cercavo di assorbire le sue acute e geniali distinzioni, le sue leggi esatte e pertinenti ma spesso arbitrarie, una frattura si verificava in me: ciò ch'egli si sforzava di tener distinto con la forza, doveva, per le esigenze più profonde della mia natura, tendere a riunirsi.

Di particolare vantaggio mi fu tuttavia la vicinanza dell'Accademia di Jena, dove, da qualche tempo, si praticava con fervore e solerzia la coltura di piante officinali. Con la creazione di appositi istituti botanici, i professori Prätorius, Schlegel e Rolfinck resero grande servigio alla scienza; nel 1718 uscì la *Flora Jenensis* di Ruppe,[17] e non solo localmente, ma in tutta la regione, si diffuse lo studio appassionato della natura.

A Ziegenhain, si era particolarmente distinta una famiglia Dietrich; il suo capostipite, non ignoto allo stesso Linneo, vantava il possesso di una lettera autografa di quest'uomo venerando, e con tale diploma si sentiva senz'altro elevato al rango della nobiltà botanica. Dopo la sua scomparsa, il figlio ne continuò l'opera che consisteva nel fornire ogni settimana a docenti e studiosi di tutti i paesi le cosiddette *Lektionen*, cioè i mazzi selezionati di pianticelle in fiore. La simpatica attività di quest'uomo si estendeva fino a Weimar, cosicché io potei conoscere sempre meglio la ricca flora di Jena.

Ma un'influenza ancor più notevole sulla mia preparazione scientifica ebbe il nipote Friedrich Gottlieb Dietrich.[18] Giovane ben fatto, dal volto piacevolmente regolare, egli si diede con fresca energia e con baldanza giovanile allo studio della flora; la sua felice memoria immagazzinava le denominazioni più strane, fornendogliele in qualunque momento pronte all'uso; la sua compagnia mi era gradita perché dal suo carattere e dai suoi modi spirava un'anima libera e aperta; e così pensai di condurlo con me in un viaggio a Karlsbad.

Lungo il cammino, egli raccoglieva con passione, e con sicuro istinto di scoperta, tutte le erbe, i fiori e gli arbusti che poi, in carrozza, illustrava e denominava a colpo sicuro, cosicché a poco a poco una nuova vita mi si rivelava in questo bel mondo. Qui s'imponeva con forza alla percezione diretta il modo in cui ogni pianta cerca il suo ambiente, esige una posizione nella quale manifestarsi in libertà e pienezza.

Altitudine, profondità, luce, ombra, secco, umido, o come altrimenti si chiamino le condizioni esterne, di tutto ciò i generi e le specie hanno bisogno per sbocciare in tutto il loro numero e vigore; essi mercanteggiano, sì, con la natura, e infine si lasciano trascinare a una maggior varietà, ma non cedono mai completamente il diritto originario alla forma acquisita.

Tutto ciò notavo nel libero mondo, e una nuova chiarezza sembrava irradiarsi sui libri e i giardini.

È un piacere, per me, ricordare con quale allegro stupore, salita una cima, vedessimo dominare, anzi infuriare, sui dolci e assolati pendii di prati umidi ma non paludosi l'*arnica montana*, e con quanta grazia, nello stesso tempo, diverse genziane ci balzassero agli occhi!

A Karlsbad, il giovane gagliardo era in montagna fin dallo spuntar del sole e, prima che avessi vuotato il numero prescritto di bicchieri, mi portava alla fonte i fasci d'erbe raccolti; tutti i compagni di soggiorno vi s'interessavano, quelli in particolare che di questa bella scienza si occupavano; essi vedevano stimolate nel modo più piacevole le loro cognizioni quando un bel ragazzone in costume campagnolo arrivava di corsa porgendo grossi fasci d'erbe e fiori, e li chiamava con nomi di origine greca o latina, o di un sapore di eresia barbarica, fenomeno che non mancava di stupire gli uomini, ma anche le donne.

Il corso successivo della sua vita fu, del resto, pari a quegli inizi; egli rimase instancabile sul suo cammino, tanto che, celebre come scrittore e adorno di titoli accademici, presiede tutt'oggi con onore e impegno al giardino granducale di Eisenach.

Mentre, grazie a questo giovane, allargavo rapidamente la cerchia delle mie esperienze e delle mie cognizioni sulla forma vegetale, la sua varietà e i suoi caratteri specifici, e la mia pronta memoria non stentava a ritenerne i nomi, volle il destino che nuovi e preziosi insegnamenti mi venissero da un altro: August Batsch.[19]

Figlio di un uomo molto amato e stimato a Weimar, Batsch aveva ben messo a profitto gli anni di studio a Jena; e, dedicatosi con fervore alle scienze, vi si era tanto distinto, che fu chiamato a Köstritzt per ordinarvi la magnifica raccolta di storia naturale dei conti Reuss e, sia pur temporaneamente, presiedervi. Tornò quindi a Weimar, dove io lo conobbi al campo di pattinaggio, luogo di convegno della buona società, ne apprezzai ben presto la delicata fermezza e il tranquillo zelo e, in un libero, fecondo scambio d'idee, potei discutere con lui sui concetti più elevati della botanica e sui diversi metodi seguiti nello sviluppo della scienza.

Il suo modo di pensare rispondeva pienamente ai miei desideri e alle mie aspirazioni: la meta alla quale tendeva era l'ordinamento delle piante per famiglie in un'ascesa e in uno sviluppo incessanti. Questo metodo conforme a natura, cui Linneo accenna con pio desiderio e intorno al quale hanno lavorato intensamente i botanici francesi, doveva ora occupare tutta la vita di un giovane pieno d'iniziativa; e che gioia, per me, attingervi di prima mano!

Ma non solo da due giovani, bensì da un ottimo anziano, io dovevo trarre impulsi incalcolabili. Il consigliere aulico Büttner[20] aveva portato a Jena la sua biblioteca, e io, incaricato dalla fiducia del mio principe, che aveva assicurato a sé e a noi quel tesoro, di ordinarla e disporla secondo i criteri del collezionista che ne conservava l'usufrutto, mi trovai in contatto permanente con lui. Biblioteca vivente, pronto a dare ad ogni domanda una risposta circostanziata e completa, egli s'intratteneva di preferenza su argomenti botanici.

Qui non negava, anzi ammetteva con una certa passione, che, contemporaneo di Linneo, si era sempre trovato ai ferri corti con questo sommo che riempie tutto il mondo del suo nome, non ne aveva mai accettato il sistema e, al contrario, si era sforzato di elaborare la classificazione delle piante per famiglie, procedendo dai più semplici e quasi invisibili inizi fino agli esemplari più complessi ed enormi. E si compiaceva di mostrare uno schema, scritto elegantemente di suo pugno, in cui, con mia grande edificazione e conforto, le specie apparivano ordinate in questo senso.

ORIGINE DEL SAGGIO SULLA METAMORFOSI DELLE PIANTE *

Malgrado quanto ho detto più sopra, io non avevo cessato di progredire sulla strada indicata da Linneo, lungo la quale tuttavia molte cose, se non mi sviavano, mi tenevano indietro. Il mio sforzo coscienzioso era di applicare agli oggetti la terminologia botanica; ma, proprio qui, mi trovavo spesso in gravi ambasce. Quando per esempio, sullo stesso stelo, prima osservavo una foglia ben decisa, che a poco a poco si trasformava in stipola, quando sulla stessa pianta scoprivo foglie prima rotonde, poi frastagliate e, infine, quasi guernite di piume, perdevo il coraggio di fissare un punto o tirare una linea di confine. Il compito più difficile mi sembrava tuttavia quello d'indicare con sicurezza i generi e di subordinare ad essi le specie. Come fosse prescritto, lo sapevo bene; ma potevo mai sperare in un'applicazione sicura delle norme, quando dai tempi di Linneo molte famiglie erano state suddivise e frazionate che sembrava che nep-

* Titolo originale: *Entstehen des Aufsatzes über Metamorphose der Pflanzen.*

pure l'uomo più esperto e dallo sguardo più acuto potesse mai andare fino in fondo al mondo naturale? Il contrasto in cui le varietà e le forme secondarie si trovano con le specie principali mi dava continuamente da riflettere. Nessuno negava che una ricca e continua nutrizione potesse completamente sopprimere il carattere che, in determinate condizioni, più si addiceva ad una pianta. E che cosa si doveva pensare, di tante malformazioni irregolari?

Credetti quindi di riconoscere chiaramente che Linneo e gli studiosi venuti dopo di lui si erano comportati come legislatori i quali, meno preoccupandosi di ciò che è, che di ciò che dovrebbe essere, non tengono nessun conto della natura e dei bisogni dei cittadini, e si sforzano piuttosto di risolvere il difficile problema, come tanti esseri indisciplinati e per natura intolleranti di confini possano, in qualche modo, convivere. Osservando sotto questa luce l'opera di Linneo, così come mi stava davanti nel caro e mai abbastanza lodato quadernetto, sentivo sempre più un timore reverenziale per quest'uomo unico, sempre più ammirazione per i successori che non si lasciarono sfuggire di mano le redini da lui afferrate, ma seppero tenersi sul filo del suo insegnamento.

Una più calma e modesta riflessione mi suggeriva, allora, che è necessaria tutta una vita per abbracciare in una sola visione ordinatrice l'attività vitale infinitamente libera di un *solo* regno della natura, anche ammesso che a ciò siamo predisposti da un innato talento. Nello stesso tempo, però, sentivo che un'altra strada, analoga al resto del corso della mia vita, mi era forse concessa. I fenomeni della formazione e metamorfosi degli esseri organici mi avevano affascinato; immaginazione e natura sembravano qui gareggiare a chi sapesse procedere con più audacia e conseguenza.

Come perciò la mia attenzione si concentrasse sempre più su questa mobilità, con quanto impegno le corressi dietro, soprattutto viaggiando, in mutate latitudini geografiche, altezze barometriche e altre condizioni diverse, ne danno un primo assaggio le notizie che ho cominciato a pubblicare sul mio viaggio in Italia; il prossimo volume spiegherà come abbia concepito in modo embrionale l'idea della metamorfosi delle piante, con quale gioia, anzi trasporto, l'abbia amorosamente inseguita a Napoli e in Sicilia, l'abbia applicata ad ogni singolo caso, e dell'accaduto abbia riferito a Herder con l'entusiasmo di chi abbia scoperto l'evangelica moneta. Tutto questo vi si leggerà per esteso.

Allo stesso modo riferirò come, nella mia seconda permanenza a Roma, mi accadde di osservare una vegetazione rigogliosa, facile a riprodursi e a superare ogni volta se stessa, di trascorrere lunghe ore a studiare e disegnare le forme complesse ed intrecciate che di rado si riscontrano nel nostro clima e, infine, di concepire nelle grandi linee la teoria come l'ho esposta più tardi. Di tutto ciò posso dare sufficiente relazione sulla scorta dei miei diari, non preoccupandomi se da queste confessioni si vogliano – con la protervia già dimostrata in altri casi – trarre argomenti contro di me quasi fossero le testimonianze di un mio errore, e così offuscare con trite filastrocche il libero e sereno cammino che conduce al vero.

Infine risospinto in Germania, espulso in modo irrevocabile dallo splendido elemento-arte, abbandonato in preda alla disperazione, io sentii con tanto maggior forza il valore e la dignità dell'elemento-natura. Qui cercai salute e conforto, ripresi tutti i fili che dovevano collegarmi alle ricerche di storia naturale e ai suoi cultori, ed una delle mie prime fatiche fu appunto il saggio che, ora ristampato, può forse, come già noto e, dopo quasi trent'anni, essere infine accolto nel grembo della scienza e raccomandato al favore e al benvolere degli amici e osservatori dei fenomeni naturali viventi.

La metamorfosi delle piante *

INTRODUZIONE

1. Nessuno, per poco che osservi il processo di crescita della pianta, avrà difficoltà a osservare che certe sue parti esterne spesso si trasformano, assumendo più o meno la forma delle parti contigue.

2. Per esempio, il fiore semplice generalmente si trasforma in fiore doppio allorché, invece di stami e antere, si sviluppano petali, che o sono perfettamente eguali agli altri petali della corolla per forma e colore, o portano ancora segni visibili della loro origine.

3. Se così osserviamo che in tal modo la pianta può fare un passo indietro ed invertire l'ordine della vegetazione con una marcia all'indietro, tanto più osserveremo con attenzione il percorso normale seguito dalla natura, e impareremo a conoscere le leggi della metamorfosi per cui essa produce una parte mediante l'altra, e crea le forme più diverse per metamorfosi dello stesso organo.

4. Gli osservatori hanno da tempo riconosciuto in generale e studiato in particolare l'affinità segreta fra quelle parti esterne delle piante – le foglie, il calice, la corolla, gli stami – che si sviluppano l'una *dopo* l'altra e, per così dire, l'una dall'altra; e al processo mediante il quale un solo e medesimo organo si modifica con tanta varietà ai nostri occhi è stato dato il nome di *metamorfosi delle piante*.

* Titolo originale: *Die Metamorphose der Pflanzen.*

5. Tre sono i modi in cui questa metamorfosi si manifesta: *regolare, irregolare, accidentale.*

6. La metamorfosi *regolare* si può anche chiamare *progressiva*; è questa, infatti, che si rivela sempre e gradualmente operante, dalle prime foglie embrionali alla definitiva formazione del frutto e, per metamorfosi di una forma nell'altra, si eleva come su una scala ideale fino a quel vertice della natura che è la propagazione mediante i due sessi. È questa che per diversi anni ho osservato attentamente, e che ora cercherò di spiegare. Perciò, nella dimostrazione che segue, esamineremo la pianta solo in quanto sia annuale e si svolga in un processo continuo dal seme al frutto.

7. La metamorfosi *irregolare* si può anche chiamare *regressiva*. Infatti, come nel primo caso la natura procede sempre verso la sua grande mèta, così nel secondo indietreggia di uno o di più passi. Se là, con slancio irresistibile e impegno di tutte le sue forze, essa crea dei fiori che prepara all'opera dell'amore, qui sembra infiacchirsi e, indecisa, lascia la sua creatura in uno stato indeterminato, gracile, spesso gradito al nostro occhio ma intimamente debole e inoperante. Grazie alle esperienze che compiremo su questa metamorfosi, potremo svelare ciò che la metamorfosi regolare ci nasconde, e vedere con chiarezza ciò che potevamo soltanto supporre. Speriamo così di raggiungere con la maggior sicurezza il nostro scopo.

8. Non ci occuperemo invece della terza metamorfosi, provocata *accidentalmente* dall'esterno e, in particolare, dagli insetti, perché potrebbe distrarci dalla semplice via che dobbiamo seguire, e dalla sua conclusione. Ci accadrà forse di parlare in altra sede di queste escrescenze mostruose ma, in complesso, limitate.

9. Mi sono avventurato a scrivere il saggio presente senza l'ausilio di tavole illustrative che pure potrebbero sembrare, per molti aspetti, necessarie. Mi riservo tuttavia di presentarne in seguito – il che mi sarà tanto più agevole, in quanto v'è ancora materia sufficiente per illustrare e sviluppare una trattazione per ora solo introduttiva. Non sarà allora necessario tenere un passo così guardingo; potremo attingere a fonti a noi vicine, e dare il giusto posto a diversi brani di scrittori che hanno idee affini. Soprattutto, non mancheremo di servirci di tutte le memorie dei maestri contemporanei che onorano questa nobile scienza. Ad essi offro e dedico le pagine seguenti.

I. DEI COTILEDONI

10. Essendoci proposti di seguire l'ordine di successione nello sviluppo della pianta, volgiamo subito la nostra attenzione a quest'ultima nel momento in cui fuoriesce dal seme. È allora che possiamo riconoscere con precisione e facilità le parti che direttamente la compongono. Essa abbandona più o meno alla terra i suoi involucri (che qui non esamineremo); e in molti casi, quando la radice si è fissata al suolo, mostra alla luce i primi organi del suo sviluppo superiore, già presenti in segreto sotto il tegumento del seme.

11. Questi primi organi si chiamano *cotiledoni*; ma furono anche detti foglie seminali o embrionali, nuclei, lobi ecc., termini con cui si cercava d'indicare le diverse forme in cui accade di osservarli.

12. I cotiledoni appaiono spesso informi, saturi di una materia bruta, estesi tanto in larghezza quanto in spessore; i vasi sono ancora rudimentali e indistinguibili dalla massa complessiva; essi stessi non hanno quasi nulla di simile alla foglia, e facilmente inducono a scambiarli per organi speciali.

13. Tuttavia, in molte piante essi si avvicinano alla forma foliare; si appiattiscono; esposti alla luce e all'aria, assumono in grado più alto un color verde; i vasi in essi contenuti sono più distinti e simili alle nervature delle foglie.

14. Infine, ci appaiono come foglie vere e proprie; i vasi possono svilupparsi nella massima finezza; la somiglianza con le foglie che loro succedono non permette più di ritenerli come organi particolari; anzi, vi riconosciamo le prime foglie caulinarie.

15. Ma, se non si può pensare foglia senza nodo e nodo senza gemma, dovremo concludere che il punto al quale i cotiledoni sono fissati è anche il primo punto nodale della pianta. Lo confermano le piante che portano gemme immediatamente nell'ascella dei cotiledoni e, da questi primi nodi, sviluppano rami perfetti: ad esempio, la *vicia faba*.

16. I cotiledoni sono quasi sempre doppi, e a questo proposito possiamo fare una osservazione che, in seguito, risulterà ancora più importante: le foglie di questo primo nodo sono spesso *simmetriche* (od opposte), mentre le successive foglie caulinarie sono

alterne. Ecco dunque un avvicinamento e collegamento di parti che in seguito la natura divide e tiene lontane. Ancor più notevole è il fatto che, a volte, i cotiledoni si presentano come molte foglioline raccolte intorno a un unico asse, e che il caule gradatamente sviluppantesi dal centro di questa raggiera metta intorno a sé isolate le foglie successive, come si può osservare molto bene nella vegetazione di diverse specie del genere *pinus.* Qui, una corona di aghi forma una specie di calice; fenomeno di cui dovremo ricordarci più oltre a proposito di fenomeni analoghi.

17. Non considereremo i cotiledoni isolati e del tutto informi appartenenti alle piante che germogliano con una sola foglia.

18. Osserviamo invece che anche i cotiledoni più simili alle foglie sono, in confronto alle successive foglie caulinarie, sempre imperfetti. In particolare, hanno un margine estremamente semplice e non portano tracce di frastagliature, mentre sul lembo non si notano i peli od altri vasi della foglia perfetta.

II. FORMAZIONE DELLE FOGLIE CAULINARIE DA NODO A NODO

19. Possiamo ora osservare esattamente lo sviluppo successivo delle foglie, perché tutta l'azione graduale della natura ci si spiega innanzi. Alcune o parecchie delle foglie che ora seguono sono spesso già presenti nei semi, chiuse fra i cotiledoni; e, in questo stato di ripiegamento, si chiamano piumette. Rispetto alla forma dei cotiledoni e delle foglie successive, esse hanno forme diverse nelle diverse piante; ma per lo più si distinguono già dai cotiledoni perché sono piatte, delicate e di forma quasi esattamente foliare, si colorano interamente in verde, poggiano su un nodo ben visibile, e non possono più nascondere la loro affinità con le successive foglie caulinarie, alle quali, tuttavia, in genere rimangono inferiori perché la loro periferia non è sviluppata in tutta la sua perfezione.

20. Lo sviluppo, però, continua incessante, da nodo a nodo; la nervatura centrale della foglia si allunga; quelle laterali o secondarie si estendono più o meno verso i margini. La diversità dei rapporti reciproci tra nervature è la causa prima della grande varietà di forme che si riscontra nelle foglie. Queste si rivelano adesso frastagliate, profondamente incise, composte di più fo-

gliuzze; in quest'ultimo caso, anzi, ci si presentano come piccoli rami perfetti. Un esempio suggestivo di estrema (per quanto graduale) diversificazione della forma foliare più semplice è fornito dalla palma da dattero. In una successione di diverse foglie, la nervatura centrale si spinge innanzi, la semplice foglia a ventaglio si frantuma e suddivide, e ne deriva una foglia composta gareggiante con un ramo.

21. Nella stessa misura in cui la foglia cresce, si forma anche il picciòlo, sia esso unito direttamente alla sua foglia o formi un peduncolo a sé, poi facile da staccare.

22. Che anche questo picciòlo a sé stante tenda a metamorfosarsi nella forma foliare, si nota in diversi vegetali, per esempio negli agrumi; più oltre, la sua organizzazione ci suggerirà alcuni rilievi che per ora tralasciamo.

23. Allo stesso modo, non possiamo esaminare più particolarmente le stipole; ci limiteremo a osservare di passaggio che, specialmente quando formano una parte del picciòlo, nell'ulteriore trasformazione di quest'ultimo subiscono anch'esse strane metamorfosi.

24. Le foglie, come devono la loro prima e fondamentale nutrizione alle parti acquose più o meno modificate che attingono al fusto, così vanno debitrici della maggioranza del loro sviluppo e perfezionamento alla luce e all'aria. Se i cotiledoni prodotti nel chiuso degli involucri seminali, e turgidi di succhi grezzi, appaiono poco o nulla organizzati e complessi, le foglie delle piante che vegetano sott'acqua mostrano un'organizzazione più elementare di quelle esposte all'aria libera; questa stessa specie vegetale, inoltre, mette foglie più lisce e meno sviluppate quando cresce in luoghi bassi e umidi, mentre, a altitudine maggiore, mostra foglie ruvide, provviste di peli e più sviluppate.

25. Anche l'anastomosi dei vasi che nascono dalle nervature, che si cercano con le loro estremità e formano l'epidermide della foglia, è, se non proprio causata, almeno favorita da gas molto rarefatti. Quando le foglie di molte piante subacquee sono lineari o reniformi, si suole attribuire il fenomeno alla mancanza di un'anastomosi completa. A questo proposito, è istruttivo il caso del *ranunculus aquaticus*, in cui le foglie nate sott'acqua si compongono di nervature filamentose, mentre quelle sviluppatesi al disopra dell'acqua sono in stato di anastomosi completa,

presentano cioè una superficie uniforme – passaggio che si può osservare anche in foglie per metà anastomosate e per metà filiformi delle stesse piante.

26. Esperienze insegnano che le foglie assorbono diversi gas e li combinano con l'umidità interna, mentre è pure certo che riadducono nel caule questi succhi epurati, favorendo in alto grado lo sviluppo delle gemme vicine. Ce ne siamo potuti convincere esaminando i gas racchiusi nelle foglie di numerose piante, e nelle cavità dei giunchi.

27. In diversi vegetali, si osserva che un nodo nasce dall'altro. Ciò è evidente in fusti che sono chiusi da nodo a nodo, come nei cereali, nelle graminacee, nelle canne; meno chiaramente nelle piante il cui interno è cavo e riempito di midollo o, per meglio dire, di tessuto cellulare. Poiché tuttavia (secondo noi con argomenti irrefutabili) oggi si contesta al cosiddetto midollo la posizione finora detenuta in confronto agli altri organi interni della pianta,[21] gli si nega l'influenza sulla vegetazione che gli si assegnava in passato, e non si esita ad attribuire ogni energia di vita e formazione alla parte interna della corteccia secondaria, o *libro*, si sarà propensi a ritenere che un nodo superiore, nascendo dal precedente e ricevendone i succhi, li riceverà necessariamente più rarefatti, godrà inoltre dell'azione delle foglie anteriori, si formerà in modo più completo e porterà alle proprie foglie e gemme succhi più puri.

28. Venendo così incessantemente espulsi i liquidi meno elaborati, e affluendone di più puri, la pianta, via via perfezionandosi, raggiunge il punto che la natura ha prescritto. Vediamo allora le foglie attingere la massima estensione e complessità, e ben presto assistiamo a un nuovo fenomeno, il quale ci avverte che il ciclo finora osservato si è chiuso e se ne avvicina un altro: la fioritura.

III. PASSAGGIO ALLA FIORITURA

29. Il passaggio alla fioritura può avvenire ora *rapidamente*, ora *più adagio*. In quest'ultimo caso, in genere si osserva che le foglie caulinarie cominciano a contrarsi dalla periferia verso il centro, e soprattutto a perdere le molteplici suddivisioni esterne, espandendosi invece più o meno nelle parti inferiori, dove aderiscono al caule. Nello stesso tempo, se gli internodi non ap-

paiono sensibilmente allungati, il caule risulta almeno assai più tenue e delicato che nello stadio precedente.

30. Si è spesso osservato che un'abbondante alimentazione ritarda la fioritura, mentre un'alimentazione moderata o addirittura povera l'accelera. Da ciò risulta ancor più manifesta quell'azione delle foglie caulinarie di cui si è detto più sopra. Finché rimangono da espellere succhi imperfetti, tutti i possibili organi della pianta devono trasformarsi in organi di questa funzione. Se l'afflusso di nutrimento è eccessivo, l'operazione deve ripetersi di continuo, e la fioritura diventa impossibile. Invece, sottraendo alla pianta il nutrimento, il processo è facilitato e reso più breve; gli organi dei nodi si perfezionano, l'azione dei succhi raffinati è più pura ed energica, e le parti possono metamorfosarsi in una successione ininterrotta.

IV. FORMAZIONE DEL CALICE

31. Quest'operazione la vediamo spesso compiersi *rapidamente*; in tal caso il fusto, a partire dal nodo dell'ultima foglia perfetta, si protende verso l'alto, improvvisamente lungo e assottigliato, e, al vertice, riunisce più foglie intorno a *un* asse.

32. Che le foglie del calice – i sepali – siano esattamente gli stessi organi che finora si presentavano costituiti come foglie caulinarie, e ora, in forma molto diversa, se ne stanno raccolti intorno a un centro comune, si può dimostrare, a nostro avviso, con molta chiarezza.

33. Un fenomeno simile si era già osservato nei cotiledoni, quando avevamo visto non solo diverse foglie, ma anche più nodi, riunirsi e saldarsi intorno a *un* punto. Nel fuoruscire dal seme, i pini mostrano una raggiera di aghi ben caratterizzati e, diversamente da quanto suole accadere in altri cotiledoni, evoluti; vediamo quindi annunziarsi già nella prima infanzia di questa specie l'energia naturale che, in età successiva, genera tanto la fioritura quanto la fruttificazione.

34. In diversi fiori, vediamo foglie caulinarie non modificate disporsi immediatamente sotto la corolla e concrescere fino a creare una specie di calice. Dato ch'esse conservano tutta la loro

integrità, possiamo qui affidarci solo all'occhio e alla terminologia botanica, che le ha chiamate *folia floralia*, foglie fiorali.

35. Conviene osservare meglio il caso già ricordato in cui il passaggio alla fioritura avviene lentamente, le foglie del caule si restringono a poco a poco modificandosi e, infine, scivolano, per così dire, insensibilmente nel calice. Lo si può osservare facilmente nei calici delle *composite*, specie nel girasole e nella calendula.

36. Questa energia naturale che riunisce più foglie intorno a un solo asse provoca una combinazione ancor più intima; sembra rendere ancor più indistinguibili le foglie metamorfosate e riunite fra loro nel modo già detto, e farle prorompere saldate totalmente o, spesso, solo in parte, e aderenti fra loro ai margini. Le foglie così delicate, che si stringono l'una all'altra e sbocciano vicine fra loro, appaiono in strettissimo contatto; l'azione dei succhi estremamente puri accumulati nella pianta genera un'anastomosi, finché ecco apparire un calice a forma di campana o, come si dice, gamosepalo, che, più o meno frastagliato o suddiviso all'orlo superiore, mostra chiaramente la sua origine composta. Lo si può osservare a occhio nudo comparando un certo numero di calici profondamente incisi e dei calici dialisepali, soprattutto se si procede a un attento esame dei calici di molte composite. Vediamo per esempio che un calice di calendula, indicato nelle descrizioni sistematiche come *semplice e composto da molte parti*, consta di più foglie concresciute e congiunte fra loro, verso le quali i cotiledoni riuniti sembrano, come si è detto, "scivolare".

37. In molte piante, il numero e la forma dei sepali che si dispongono intorno all'asse del peduncolo, soli o riuniti, sono costanti, come del resto lo sono gli organi successivi. Su questa costanza poggiano in gran parte lo sviluppo, la saldezza e la gloria della botanica, ai cui progressi continui abbiamo assistito negli ultimi anni. In altre piante, il numero e la forma di tali organi non sono egualmente stabili; ma neppure quest'irregolarità ha tratto in inganno l'acuta facoltà di osservazione dei maestri della scienza che si sono sforzati, mediante accurate rilevazioni, di chiudere in limiti più ristretti anche queste deviazioni della natura.

38. La natura ha dunque formato il calice *riunendo assieme* intorno a un punto centrale – per lo più in numero e in ordine

ben precisi – diverse foglie e quindi diversi nodi, che altrimenti avrebbe prodotto l'uno *dopo* e a una certa *distanza* dall'altro. Se un afflusso eccessivo di alimento avesse ritardato la fioritura, queste parti si sarebbero nuovamente disgiunte per riapparire nella loro forma originaria. Insomma, nel calice la natura non crea un organo nuovo, ma si limita a combinare e modificare organi già conosciuti, avvicinandosi così di un altro passo alla meta.

V. FORMAZIONE DELLA COROLLA

39. Abbiamo visto che il calice è un prodotto dei succhi elaborati che via via si generano nella pianta; ora eccolo divenire a sua volta strumento di un ulteriore sviluppo. Ciò risulta anche da una spiegazione puramente meccanica della sua attività. Infatti, quanto debbono essere delicati, e capaci di un filtraggio estremo, i vasi che abbiamo visto riuniti e concresciuti!

40. Il passaggio da calice a corolla è osservabile in più casi, giacché, sebbene il colore del calice, come delle foglie caulinarie, sia ancora generalmente verde, tuttavia non di rado esso si modifica in questa o quella parte – i vertici, i margini, il dorso, la superficie interna – mentre quella esterna resta verde; a questa colorazione si accompagna ogni volta un perfezionamento di struttura. Nascono così calici ambigui, che facilmente si scambierebbero per vere e proprie corolle.

41. Abbiamo osservato che, a partire dai cotiledoni, le foglie caulinarie si sviluppano nel senso di una notevole espansione ed evoluzione morfologica (specie alla periferia), mentre di qui fino al calice si compie un processo inverso di contrazione ai margini. Allo stesso modo, ora notiamo che la corolla si forma per espansione. Infatti i petali sono, comunemente, più grandi dei sepali, e si può notare che, come gli organi nel calice si contraggono, essi, come petali, si espandono ulteriormente, raffinati in alto grado dall'azione di linfe più pure e continuamente filtrate dal calice, fino a presentarsi come organi nuovi e *toto coelo* diversi. La loro fine organizzazione, il colore, il profumo, non ci consentirebbero di riconoscerne l'origine se, in più casi eccezionali, non sapessimo "cogliere sul fatto" la natura.

42. Per esempio, all'interno di un calice di garofano se ne nota spesso un secondo che, in parte di color completamente verde,

mostra come un abbozzo di calice gamosepalo frastagliato, i cui vertici e margini lacerati si sviluppano in veri e propri inizi di una corolla fine, estesa e colorata. Riconosciamo qui chiaramente l'affinità della corolla col calice.

43. L'affinità fra corolla e foglie caulinarie si rivela in più modi: così, in diverse piante le foglie caulinarie appaiono più o meno colorate molto prima di avvicinarsi alla fioritura; altre si colorano interamente verso quest'epoca.

44. Non di rado, poi, la natura passa direttamente alla corolla saltando l'organo del calice, e anche in questo caso si può osservare che le foglie caulinarie trapassano nello stato di petali. Così, sul fusto del tulipano si mostra talvolta un petalo quasi completamente colorato e sviluppato. Ancor più notevole è che spesso questa foglia semiverde aderisca al caule con una metà che non cessa di appartenergli, mentre l'altra, che è colorata, si spinge in alto con la sua corolla. La foglia risulta in tal modo divisa in due.

45. È opinione molto attendibile che il colore e il profumo dei petali siano da attribuire alla presenza in essi degli elementi maschili (i granelli pollinici). Probabilmente questi non si trovano ancora del tutto definiti ma combinati e diluiti con altri succhi, e la splendida veste dei fiori induce spesso a credere che la materia di cui i petali sono gonfi abbia, sì, un alto grado di purezza, ma non tale come quando si presenta bianca e incolore.

VI. FORMAZIONE DEGLI STAMI

46. Ciò sembra ancor più probabile, ove si rifletta sulla grande affinità dei petali con gli stami. Se l'affinità fra gli altri organi fosse altrettanto palese, osservabile da tutti e quindi al riparo dal dubbio, il presente saggio potrebbe ritenersi superfluo.

47. In qualche caso, questo trapasso si presenta regolarmente in natura; per esempio nella *canna* e in diversi esemplari della stessa famiglia. Un vero petalo poco modificato si contrae al margine superiore, e si produce un'antera, alla quale il resto della foglia funge da stame.

48. Il passaggio è osservabile in tutte le fasi nei fiori che più

frequentemente si raddoppiano. In diverse specie di rose, all'interno dei petali perfetti e completamente colorati se ne osservano degli altri, che sono contratti in parte al centro e in parte alla periferia; questa contrazione è provocata da una piccola tumescenza che più o meno ricorda un'antera nella sua forma perfetta; nella stessa misura, il petalo si avvicina alla forma più semplice di stame. In alcuni papaveri doppi, antere pienamente sviluppate poggiano su petali pochissimo modificati della corolla doppia; in altri, tumescenze simili ad antere restringono più o meno i petali.

49. Ora, se tutti gli stami si trasformano in petali, i fiori risultano sterili; se invece, in un fiore che si raddoppia, l'apparato staminifero si sviluppa ulteriormente, ha luogo la fruttificazione.

50. Così, uno stame nasce quando gli organi che finora abbiamo visto dilatarsi come petali si contraggono di nuovo fortemente e, insieme, si presentano in stato di più alta perfezione. Trova così conferma ciò che si era osservato più sopra, e tanto più dovremo seguire attentamente la forza alterna di contrazione ed espansione grazie alla quale la natura giunge infine alla mèta.

VII. NETTÀRI

51. Per quanto rapido sia in molte piante il passaggio dalla corolla agli stami, la natura non può sempre percorrere *d'un balzo* questo tragitto, ma crea organi intermedi che, per forma e funzione, si avvicinano ora a questa ora a quella parte e, sebbene di struttura molto diversa, possono generalmente raccogliersi sotto un concetto *solo*: si tratta degli organi di un *lento trapasso dai petali agli stami.*

52. Sotto questo concetto si possono riunire la maggior parte degli organi, variamente configurati, che Linneo chiama *nettàri*; e anche qui abbiamo modo di ammirare la grande perspicacia di quest'uomo eccezionale che, pur non rendendosi esattamente conto della funzione di questi organi, si affidò all'intuizione e osò raccogliere sotto un *solo* nome parti apparentemente diversissime.

53. Già diversi petali mostrano un'affinità con gli stami in ciò che, senza cambiare sensibilmente di forma, portano teche o

glandole secernenti una sostanza simile a miele. Che questo sia un umore fecondativo ancora grezzo e non perfettamente elaborato, lo si può supporre in base alle considerazioni precedenti: ma l'ipotesi appare ancor più verosimile per le ragioni che esponiamo più avanti.

54. Anche i cosiddetti nettàri si presentano con caratteri speciali e con forma simile ora ai petali, ora agli stami. Per esempio, i tredici filamenti, terminanti in altrettante palline rosse, che si osservano sui nettàri della *parnassia*, assomigliano fortemente agli stami; altri, come nel caso della *vallisneria* e della *fevillea*, sembrano stami senza antere, mentre nel *pentapetes* si alternano agli stami in un cerchio regolare e hanno forma di petalo al punto che le descrizioni sistematiche li presentano come *filamenta castrata petaliformia*. Analoghe formazioni ambigue si notano nella *kigellaria* e nella *passiflora*.

55. Anche le *corolle interne* (o *accessorie*) sembrano meritare il nome di nettàri nel senso già detto. Infatti, mentre i petali si formano per espansione, esse nascono per contrazione e, quindi, allo stesso modo degli stami. Così, all'interno di corolle perfette ed espanse, notiamo corolle secondarie più piccole e contratte, come nel *narcissus*, nel *nerium* e nell'*agrostemma*.

56. Altre e ancor più sorprendenti metamorfosi si rilevano in diverse specie vegetali. In certi fiori, i petali presentano, internamente e in basso, una piccola cavità piena di un succo melliforme. Questa "tasca", approfondendosi ulteriormente in altre specie e generi di fiori, modifica più o meno il resto del petalo, come si può notare in talune specie e varietà di aquilegia.

57. Dove quest'organo raggiunge il vertice della metamorfosi è, per esempio, nell'*aconitum* e nella *nigella*, dove tuttavia un minimo di attenzione permette di notare la somiglianza con una foglia; particolarmente nella *nigella*, i nettàri spesso si ritrasformano in foglie e, in seguito a questa metamorfosi, il fiore si raddoppia. Nell'*aconito*, un esame un po' accurato permette di distinguere l'affinità tra i nettàri e la foglia arcuata sotto la quale essi si nascondono.

58. Stabilito che i nettàri rappresentano un avvicinamento dei petali agli stami, possiamo fare qualche considerazione sui fiori irregolari. Così, i cinque petali esterni del *melianthus* potrebbero essere descritti come veri e propri petali, e i cinque interni come

una corolla accessoria composta di sei nettàri, di cui la parte superiore si avvicina maggiormente alla forma foliare, mentre se ne discosta di più l'inferiore (che già si chiama nettario). In questo senso potrebbe chiamarsi nettario la carena delle papilionacee, in quanto fra i petali di questi fiori esso è quello che più si avvicina alla struttura dello stame e differisce nettamente dalla forma foliare del cosiddetto stendardo o vessillo. Potremo così facilmente spiegare i corpi penicillati aderenti all'estremità della carena di alcune specie di *polygala* e farci un'idea precisa della loro funzione.

59. Sarebbe superfluo, a questo punto, ribadire che con queste osservazioni non s'intende confondere ciò che l'opera degli osservatori e ordinatori ha distinto e riunito per classi; nostro unico scopo è qui di rendere intelligibili le formazioni vegetali anomale.

VIII. ANCORA SUGLI STAMI

60. Che l'origine degli organi riproduttivi, come di tutti gli altri, delle piante vada cercata nei vasi a spirale, è dimostrato in modo inconfutabile da osservazioni microscopiche. Ne traiamo un argomento a favore dell'identità interna fra organi che finora ci erano apparsi in forme così svariate.

61. Se dunque i vasi a spirale riposano nel fascio dei condotti chiliferi e ne sono avvolti, possiamo anche farci un'idea più chiara della forte contrazione di cui si è parlato, immaginando queste spirali (che in realtà appaiono come altrettante molle elastiche) al più alto grado di potenza, in modo che la contrazione prevalga sull'elaterio espansivo dei vasi linfatici.

62. I fasci vascolari raccorciati non possono allora più espandersi, cercarsi a vicenda e, per anastomosi, formare un reticolo; i vasi otricolari che di solito riempiono gli interstizi del reticolo non sono più in grado di svilupparsi; tutte le cause che avevano determinato l'espansione delle foglie del caule, del calice e del fiore, cessano di operare, e nasce un filamento debole e molto semplice.

63. È tanto se possono ancora formarsi le sottili membrane dell'antera, in mezzo alle quali terminano finissimi vasi. Se ora am-

mettiamo che siano qui presenti in stato di estrema contrazione proprio quei vasi che prima si allungavano, si dilatavano, e riprendevano a cercarsi a vicenda; se ne vediamo uscire il polline completamente elaborato che, con la sua attività, surroga ciò che è stato sottratto in estensione ai vasi da cui è secreto; se, messo in libertà, il polline cerca gli organi femminili cresciuti per la stessa forza nella natura, e spinti a farsi incontro agli stami; se vi si aggrappa saldamente e comunica loro i propri influssi, non saremo alieni dal chiamare "anastomosi ideale" l'unione fra i due sessi, e dal credere, almeno per un momento, di aver avvicinato fra loro i concetti di vegetazione e riproduzione.

64. La materia fine che si sviluppa nelle antere ci si presenta come una specie di polvere; ma queste sostanze polliniche non sono che vasi immagazzinanti un succo di eccezionale purezza. Facciamo quindi nostro il parere che questo succo sia assorbito dai pistilli ai quali i granelli pollinici aderiscono, e che in tal modo si compia la fruttificazione. Ciò è tanto più verosimile in quanto alcune piante secernono non una polvere seminale, ma un puro e semplice liquido.

65. Qui ci risovviene del succo melliforme dei nettàri e della sua probabile affinità col liquido più rarefatto delle vescichette seminali. Forse i nettàri sono organi preparatori; forse il liquido melliforme in essi contenuto è assorbito, rarefatto e completamente elaborato dagli stami – ipotesi tanto più plausibile in quanto, dopo la fruttificazione, il succo stesso sparisce.

66. Non trascuriamo di osservare, sia pure di passaggio, che tanto gli stami quanto le antere sono saldati in vario modo gli uni agli altri, offrendoci gli esempi più straordinari dell'anastomosi da noi più volte illustrata e della compenetrazione fra organi della pianta che, ai primi inizi, erano veramente distinti.

IX. FORMAZIONE DELLO STILO

67. Se, finora, ho cercato di dimostrare l'identità interna fra gli organi successivamente sviluppati della pianta, per quanto diversissimi nella loro forma esterna, sarà facile immaginare che il mio scopo è ora di spiegare allo stesso modo la struttura degli organi femminili.

68. Consideriamo anzitutto lo stilo isolato dal frutto, come si

trova spesso anche in natura; possiamo farlo tanto più in quanto, sotto questa forma, esso se ne mostra effettivamente distinto.

69. Notiamo anzitutto che il grado di vegetazione in cui si trova lo stilo è esattamente lo stesso in cui abbiamo trovato gli stami. Abbiamo potuto osservare, infatti, che gli stami sono il prodotto di una contrazione; è questo, spesso, anche il caso degli stili e, se le loro dimensioni non ci appaiono perfettamente identiche, li vediamo più lunghi o più corti solo di una frazione minima. In molti casi, lo stilo ricorda uno stame senza antera, e le rispettive strutture presentano una maggiore affinità esterna che gli altri organi della pianta. Poiché inoltre sono entrambi prodotti dai vasi a spirale, vediamo ancor più chiaramente che gli organi femminili non sono qualcosa di a sé stante, più che non lo siano gli organi maschili, e questa considerazione, mentre ci dà il senso della loro profonda affinità, rende ancor più evidente e plausibile la teoria secondo la quale la loro unione deve considerarsi come un'anastomosi.

70. Molto spesso, lo stilo appare formato dalla saldatura di più stili concresciuti, e le parti che lo compongono si lasciano a mala pena distinguere all'estremità, dove non sono neppure sempre isolate. Questo processo di crescita per saldatura, già da noi più volte osservato, trova qui le più frequenti occasioni di manifestarsi; *deve* anzi manifestarsi perché, prima di raggiungere la loro perfezione, le parti delicate si riuniscono e contraggono al centro dell'infiorazione, e possono quindi intimamente saldarsi.

71. La natura ci mostra in diversi casi regolari, sebbene non sempre con la stessa chiarezza, la grande affinità fra questi organi e quelli che li precedono. Così, il pistillo dell'*iris*, sormontato dallo stimma, ci si presenta sotto la struttura del petalo, mentre lo stimma ombrelliforme della *sarracenia*, se non si rivela altrettanto chiaramente composto di più foglioline, ne conserva però la tinta verde. Ricorrendo al microscopio, troveremo che diversi stimmi, come quelli del *crocus* e della *zannichelia*, sono formati esattamente come calici gamosepali o dialisepali.

72. Invertendo il cammino, la natura mostra più spesso il caso di stili e stimmi ritrasformati in petali: così, il *ranunculus asiaticus* si raddoppia per metamorfosi degli stimmi e dei pistilli in veri e propri petali, mentre gli stami, che si trovano subito dietro

la corolla, rimangono spesso inalterati. Vedremo più avanti qualche altro caso degno di nota.

73. Non ripeteremo qui l'osservazione già fatta che stili e stami si trovano sulla stessa linea della vegetazione, e così riconfermano la teoria dell'alternarsi di espansione e contrazione. Dal seme fino al punto massimo di sviluppo della foglia caulinaria, avevamo dapprima notato un'espansione; poi, avevamo visto il calice nascere per contrazione, i petali ancora per espansione, gli organi riproduttivi invece per una nuova contrazione; ben presto la massima espansione ci si rivelerà nel frutto e la massima concentrazione nel seme. Attraverso queste sei fasi, la natura compie in un processo continuo l'opera eterna della riproduzione sessuale delle piante.

X. DEI FRUTTI

74. Dobbiamo ora occuparci dei frutti, e presto ci convinceremo che hanno la stessa origine e sono soggetti alle stesse leggi. Parliamo qui, in senso proprio, dei ricettacoli che la natura produce per racchiudere i cosiddetti semi "vestiti" o, meglio, per sviluppare dal loro interno, attraverso l'unione dei sessi, un numero maggiore o minore di semi. Che anche questi organi si debbano spiegare con la natura e l'organizzazione dei precedenti, sarà facilmente dimostrabile.

75. La nostra attenzione è qui nuovamente richiamata a soffermarsi su questa legge di natura dalla metamorfosi regressiva. Per esempio nei garofani – questi fiori tanto noti e ricercati proprio per la loro irregolarità – accade spesso di osservare che le capsule seminifere si ritrasformano in foglie simili a calici e, nella stessa misura, diminuisce la lunghezza degli stili; si trovano perfino garofani in cui la siliqua si è metamorfosata in un calice perfetto, mentre al vertice le sue frastagliature portano ancora tracce delicate di stili e stimmi e, dalla parte interna di questo secondo calice, invece dei semi si sviluppa una corolla più o meno completa.

76. Inoltre, la natura ci ha rivelato in mille modi, con formazioni regolari e costanti, questa fertilità nascosta nella foglia. Per esempio, una foglia modificata ma ancora riconoscibile di tiglio porta sulla nervatura centrale un esile peduncolo e, su questo, un fiore e un frutto perfetti. Ancor più notevole è come fiori e frutti poggiano sulle foglie del *ruscus*.

77. Una prova ancor più mirabile della fertilità immediata delle foglie caulinarie si ha nelle felci che, per impulso interno e forse senza un'azione positiva degli organi sessuali, sviluppano e spargono tutt'intorno innumerevoli semi, o meglio germi, capaci di vegetazione, cosicché la foglia gareggia in fertilità con la pianta più sviluppata o addirittura con un albero grosso e frondoso.

78. Tenendo presente quanto sopra, non mancheremo di riconoscere nei ricettacoli seminiferi la forma foliare, malgrado la diversità di struttura, i mutui rapporti e le destinazioni specifiche. Per esempio, il follicolo non sarebbe che una foglia ripiegata su se stessa e atrofizzatasi ai margini; le silique consterebbero di più foglie concresciute; le capsule composte deriverebbero da diverse foglie riunite intorno a un centro e che, dopo aver dischiusa l'una verso l'altra le loro parti interne, si siano saldate ai margini. Ce ne possiamo convincere nel momento in cui, raggiunta la maturità, le capsule composte si aprono, e ognuna delle loro parti ci si presenta come un baccello aperto o come una siliqua. Un fenomeno analogo si verifica regolarmente, e nello stesso modo, in specie diverse dello stesso genere; per esempio, le capsule della *nigella orientalis* hanno forma di baccelli aderenti per metà fra loro e riuniti intorno a un asse, mentre nella *nigella damascena* la loro riunione è completa.

79. La natura nasconde quest'affinità con la foglia soprattutto quando produce pericarpi succosi e teneri, o legnosi e duri; ma essa non può sfuggire alla nostra attenzione, se sapremo seguirla attentamente in tutti i suoi passaggi. Basti qui aver accennato il concetto generale e, insieme, mostrato con qualche esempio l'armonia della natura. La grande varietà dei ricettacoli ci suggerirà poi diverse osservazioni.

80. L'affinità dei frutti con gli organi che li precedono risulta anche dallo stimma, che spesso poggia direttamente sulla capsula e ne è inseparabile. Abbiamo già rilevato l'affinità dello stimma con la foglia; possiamo qui riconfermarla con l'esempio dei papaveri che si raddoppiano, in cui gli stimmi si metamorfosano in piccoli petali delicati, perfettamente simili a fogliuzze.

81. Nella sua crescita, la pianta raggiunge nel frutto l'ultima e massima espansione; questa è spesso stupefacente per forza interna e per struttura esterna, e poiché, generalmente, continua anche dopo la fruttificazione, il seme sembra imprimere ai succhi necessari alla crescita, che assorbe dall'intera pianta, la direzione

fondamentale del pericarpo, in modo che i vasi di quest'organo si nutrono, si dilatano e spesso si gonfiano, tendendosi al massimo grado. Che qui abbiano una parte notevole gas rarefatti, si deduce già da quanto sopra, ma ne è pure conferma l'esperienza che i baccelli aperti della *colutea* contengono aria pura.

XI. GLI INVOLUCRI IMMEDIATI DEL SEME

82. Il seme presenta invece il grado più alto di contrazione e complessità delle parti interne. In diversi casi, si può osservare ch'esso trasforma dei carpelli, ne fa i suoi primi involucri, li adatta più o meno a sé o, con la sua forza interna, se ne appropria completamente, alterandone la forma. Noi, che già abbiamo visto più semi svilupparsi da e in *una* foglia, non ci stupiremo che un seme singolo si rivesta di un involucro foliare.

83. Tracce di forme foliari non completamente adattate ai semi si notano in diversi semi alati, come quelli dell'acero, dell'olmo, del frassino e della betulla. Un esempio caratteristico di come il seme gradatamente contragga e adatti a sé involucri dapprima più estesi, si ha nei tre cerchi successivi di semi, a struttura differente, della calendula. Il cerchio più esterno conserva una forma simile a quella delle foglie del calice, con la sola differenza che qui la foglia è incurvata da un ovulo che tende la nervatura e, all'interno, una sottile membrana divide in due la curvatura nel senso della lunghezza. Il cerchio successivo si è già modificato, lo spessore della fogliolina e la membrana sono scomparsi, la forma si è un po' più allungata, l'ovulo situato posteriormente è più visibile, i suoi piccoli rilievi sono più netti, le due file di semi non appaiono (o appaiono solo in parte) fecondate. Segue il terzo cerchio nella sua forma pura, fortemente incurvato, e con un involucro appropriato al seme sia nelle scanalature che nei rilievi. Ritroviamo qui un'energica contrazione, per opera della forza vitale del seme, di parti originariamente più larghe e foliacee, allo stesso modo che avevamo visto la forza dell'antera contrarre il petalo.

XII. SGUARDO RETROSPETTIVO E TRANSIZIONE

84. Così, passo passo, abbiamo seguito con la massima attenzione la natura; abbiamo accompagnato in tutte le sue meta-

morfosi la forma esterna della pianta, dalla fuoruscita dal seme alla formazione di un seme nuovo, e, senza presumere di voler scoprire la molla prima dei fenomeni naturali, ci siamo concentrati sull'apparenza esterna delle forze, per opera delle quali la pianta trasforma via via *lo stesso* organo. Per non abbandonare il filo una volta afferrato, abbiamo considerato la pianta solo come pianta annuale, limitandoci ad osservare le vicende delle foglie che accompagnano i nodi e a derivarne tutte le forme successive. Ora, tuttavia, per dare a questo saggio la necessaria completezza, bisognerà parlare delle *gemme* che si trovano nascoste al disotto di ogni foglia e che, mentre in determinate circostanze si sviluppano, in altre sembrano del tutto scomparire.

XIII. LE GEMME E IL LORO SVILUPPO

85. Ogni nodo ha per natura il potere di emettere una o più gemme, esattamente in prossimità delle foglie che lo rivestono e sembrano prepararne e favorirne la formazione e la crescita.

86. La prima propagazione dei vegetali, semplice e lentamente progressiva, poggia sullo sviluppo graduale da nodo a nodo, sulla formazione di una foglia ad ogni nodo e di una gemma nelle vicinanze di questo.

87. È risaputo che la gemma presenta una grande somiglianza esterna col seme maturo, e che in essa, ancor più che in quest'ultimo, si può spesso riconoscere la forma perfetta della pianta futura.

88. Sebbene nella gemma la radichetta sia meno facilmente osservabile che nel seme, vi è tuttavia presente come in questo, e si sviluppa facilmente e con prontezza, specie sotto l'azione dell'umidità.

89. La gemma non ha bisogno di cotiledone, perché concresce sulla pianta-madre già completamente organizzata e, finché le rimane unita, riceve il nutrimento che le occorre o da lei o, dopo la separazione, dalla pianta alla quale la si innesta, o, quando un ramo vien fissato nel terreno, dalle radici che vi si formano immediatamente.

90. La gemma consta di nodi e foglie più o meno sviluppati, che dovranno prolungare ulteriormente la vegetazione. I rami

ascellari che nascono dai nodi possono quindi considerarsi come altrettante pianticelle fissate al corpo della pianta-madre, come questa al suolo.

91. La loro affinità e la loro distinzione sono state ripetutamente illustrate – ma soprattuto negli ultimi anni – con tanto acume ed esattezza che possiamo soltanto rinviare il lettore agli studi relativi, con plauso incondizionato da parte nostra.[22]

92. Diremo soltanto che nelle piante evolute la natura distingue nettamente seme e gemma, ma, via via che si scende alle piante meno perfette, la distinzione sembra svanire anche per l'osservatore più acuto. Certi semi sono indubbiamente tali; certe gemme non consentono dubbi; ma il punto in cui i semi fruttificati e, grazie all'azione dei due sessi, isolati dalla pianta-madre si incontrano con le gemme, le quali si limitano a prorompeme, staccandosene poi senza causa visibile, questo punto può essere stabilito dal ragionamento, ma non dai sensi.

93. Tutto ciò considerato, possiamo concludere che i semi, mentre si distinguono dai boccioli per essere racchiusi nel frutto, e dalle gemme per la causa visibile della loro formazione e separazione, sono tuttavia parenti stretti di entrambi.

XIV. FORMAZIONE DEI FIORI E DEI FRUTTI COMPOSTI

94. Abbiamo fin qui cercato di spiegare con la metamorfosi delle foglie caulinarie la fioritura semplice e la produzione di semi racchiusi in capsule. A un'indagine più attenta risulterà che, in questo caso, non solo non si sviluppano gemme, ma la possibilità di un simile sviluppo è completamente esclusa. Per spiegare la formazione di fiori composti e di frutti riuniti intorno a *un* asse e su *un solo* fusto, è invece necessario rifarsi al processo di formazione delle gemme.

95. Si nota molto spesso che un fusto, invece di prepararsi in anticipo e concentrare a lungo le sue forze per una fioritura sola, mette fiori già dai nodi e, non di rado, continua così fino alla cima. I fenomeni che allora si presentano possono spiegarsi con la teoria esposta più sopra. Tutti i fiori che si sviluppano da bocciòli vanno considerati come piante complete, fissate alla pianta-madre come questa al terreno. E, poiché ricevono dai

nodi succhi particolarmente puri, le prime fogliuzze del ramoscello appaiono già molto più complesse delle prime foglie della pianta-madre che seguono ai cotiledoni; anzi, spesso è già immediatamente possibile la formazione del calice e del fiore.

96. Questi stessi fiori che si sviluppano da bocciòli sarebbero divenuti rami se avessero ricevuto una nutrizione sovrabbondante, e così avrebbero condiviso la sorte alla quale, in condizioni simili, la pianta-madre necessariamente soggiace.

97. Ora, come questi fiori si sviluppano da nodo a nodo, così vi notiamo quella metamorfosi delle foglie caulinarie, che più sopra avevamo osservato nel lento passaggio allo stato di calice. Esse si stringono sempre più l'una all'altra e, infine, spariscono quasi del tutto; si chiamano allora *brattee*, in quanto si allontanano or più or meno dalla forma foliare. Nella stessa misura lo stelo si assottiglia, i nodi si ravvicinano, e tutti i fenomeni già osservati si manifestano successivamente, solo che, all'estremità del fusto, non si ha un fiore deciso, perché la natura ha già usato le sue prerogative da gemma a gemma.

98. Chi abbia osservato attentamente uno di questi fusti adorni di un fiore ad ogni nodo, potrà rapidamente spiegare anche l'*infiorescenza* – i fiori apicali composti – rifacendosi a quanto si è detto sulla formazione del calice.

99. La natura forma un *calice comune* da *molte* foglie riunite intorno a *un* asse; con la stessa spinta vigorosa, sviluppa d'un sol colpo *un fusto praticamente illimitato con tutte le gemme allo stato di fiore il più possibile pigiate l'una contro l'altra*; ed ogni fiorellino feconda l'ovario già predisposto sotto di esso. In quest'inaudita contrazione, non sempre le foglie nodali si perdono; nei cardi, la fogliolina accompagna fedelmente il piccolo fiore sviluppatosi da e accanto alla gemma (si confronti quanto si enuncia in questo paragrafo con la forma del *dipsacus laciniatus*). In molte graminacee ogni fiore è accompagnato da una di queste foglioline, in tal caso denominata *gluma*.

100. Risulta così evidente che *i semi sviluppatisi intorno a una infiorescenza non sono che gemme formate e spinte alla perfezione dall'azione dei due sessi*. Tenendo presente questo concetto e osservando dal suo punto di vista diverse piante e la loro crescita e fioritura, l'occhio ce ne farà persuasi, meglio di qualunque argomento, mediante controlli comparativi.

101. Non avremo allora difficoltà a spiegare anche la fruttificazione dei semi, nudi o vestiti, raccolti al centro di un singolo fiore e, spesso, intorno a un gambo solo. È infatti indifferente che un solo fiore avvolga un aggregato di semi, e che i pistilli concresciuti pompino in comune dalle antere i succhi fecondativi, o che ogni singolo seme abbia intorno a sé il *suo* pistillo, la *sua* antera e i *suoi* petali.

102. È nostra convinzione che, con un po' di esercizio, non sia difficile spiegare per questa via le forme molteplici dei fiori e dei frutti, purché si sappia maneggiar bene, e applicare al punto giusto, come formule algebriche i concetti illustrati più sopra di espansione e contrazione, di compressione e anastomosi. E, poiché molto dipende dall'osservare con cura e comparare l'uno con l'altro i diversi stadi che la natura percorre vuoi nella formazione dei generi, delle specie e delle varietà, vuoi nello sviluppo di ogni singola pianta, sarebbe interessante e di una certa utilità – anche solo da questo punto di vista – una raccolta di illustrazioni contrapposte, nonché l'applicazione della terminologia botanica ai diversi organi della pianta. La rappresentazione visiva di due casi di fiori proliferi, che forniscono un'ottima conferma della teoria su esposta, risulterebbe così molto convincente.

XV. LA ROSA PROLIFERA

103. La migliore illustrazione di quanto abbiamo cercato di afferrare solo con l'immaginazione e l'intelletto è data dall'esempio di una rosa prolifera. Calice e corolla sono qui disposti e sviluppati intorno all'asse; mentre però, al centro, il ricettacolo seminale dovrebbe contrarsi al centro, e gli organi riproduttivi maschili e femminili essere *ordinati* e raccolti sopra e intorno ad esso, il *caule* si risospinge verso l'*alto*, ora rossiccio, ora verdastro, e intorno ad esso si svolgono *in successione* dei petali più piccoli, rossoscuri e ripiegati su se stessi, alcuni dei quali conservano tracce delle antere. Il fusto cresce; già vi si rivedono delle spine; le successive foglie isolate e colorate si rimpiccioliscono, fino a trapassare sotto i nostri occhi in foglie caulinarie, ora rossicce ed ora verdi; e si forma una serie di nodi regolari dalle cui gemme prorompono bocciòli di rosa, per quanto imperfetti.

104. Quest'esempio fornisce un'altra prova di quanto si è detto

più sopra, che cioè tutti i calici non sono che *folia floralia* saldate l'una all'altra alla periferia. Infatti, il calice regolare raccolto intorno all'asse consta di cinque foglie pienamente sviluppate, a triplice o quintuplice composizione, come i ramoscelli di rosa sogliono metterne ai nodi.

XVI. GAROFANO PROLIFERO

105. A chi abbia osservato attentamente questo fenomeno sembrerà ancor più notevole quanto si riscontra nel garofano prolifero. Vediamo qui un fiore perfetto, provvisto non solo del calice, ma di una corolla doppia, e completato nel mezzo da un ovario ben determinato, anche se non completamente evoluto. Dai lati della corolla si sviluppano quattro nuovi fiori perfetti, separati dal fiore centrale mediante peduncoli a tre o più nodi; anch'essi presentano calici, e sono doppi non tanto a causa di foglie isolate, quanto di corolle foliacee le cui unghie si saldano e, più spesso, di petali concresciuti intorno a *un* peduncolo a guisa di ramoscello. In alcuni, malgrado questo poderoso sviluppo, sono presenti stami e antere; sono visibili gli ovari con gli stili e i ricettacoli seminali allargatisi nuovamente in foglie. In uno di questi fiori, anzi, gli arilli si saldavano formando un calice perfetto, e contenevano i rudimenti necessari per produrre un fiore doppio al completo.

106. Nella rosa avevamo visto un fiore appena sbozzato dal cui centro si sviluppava un peduncolo in continua spinta verso l'alto, e, lungo e intorno a questo, nuove foglie caulinarie. In questo garofano – dal calice ben formato e dalla corolla perfetta – vediamo *dalla cerchia dei petali* su un ricettacolo veramente centrale *svilupparsi gemme* che producono veri e propri rami e fiori. Entrambi i casi mostrano che, comunemente, la natura conclude nel fiore il processo della crescita e, tirando – per così dire – le somme, mette termine alla possibilità di continuare un passo dopo l'altro all'infinito, per giungere più in fretta alla mèta con la formazione dei semi.

XVII. LA TEORIA DI LINNEO SULL'ANTICIPAZIONE

107. Sebbene, nel percorrere questa strada che uno dei miei predecessori, dopo aver tentato di seguirla sulla scorta del suo

grande maestro, definisce infida e pericolosa,[23] io abbia qua e là incespicato e non sia riuscito a sgombrarla quanto sarebbe necessario per il bene delle generazioni venture, spero tuttavia che la fatica non sia stata vana.

108. Ma è tempo di esaminare la teoria presentata da Linneo a spiegazione di tali fenomeni. Al suo sguardo acuto, le osservazioni che hanno dato origine a questo saggio non potevano certo sfuggire. E se poi possiamo spingerci oltre laddove egli si arrestò, lo si deve agli sforzi comuni di più osservatori e pensatori, che eliminarono diversi ostacoli e dispersero molti pregiudizi. Un confronto particolareggiato della sua teoria con quella da noi esposta ci condurrebbe però troppo lontano; chi conosce l'argomento lo farà da sé, mentre uno studio comparato sarebbe troppo prolisso per riuscire chiaro a chi non abbia meditato sul tema. Limitiamoci dunque a riassumere le cause che hanno impedito a Linneo di proseguire oltre, e fino alla mèta.

109. Egli compì le sue prime osservazioni su quelle piante complesse e longeve, che sono gli alberi. Osservò che un albero nutrito in sovrabbondanza entro un vaso di una certa ampiezza, produceva rami su rami per diversi anni successivi, mentre, tenuto in un vaso più piccolo, portava rapidamente fiori e frutti. Vide insomma che quell'evoluzione successiva si compiva qui d'un tratto in forma concentrata, e diede a quest'effetto naturale il nome di *prolepsi*, o *anticipazione*, perché, saltando i sei gradini ricordati più sopra, la pianta sembrava anticipare di sei anni. Applicò quindi la sua teoria alle gemme degli alberi senza prendere in particolare considerazione le piante annuali, giacché non poteva sfuggirgli che a queste la sua teoria non si applicava altrettanto bene. Infatti, stando alla sua interpretazione, si dovrebbe ammettere che ogni pianta annuale sia stata preordinata dalla natura a crescere per sei anni, ma anticipi su questo lungo tratto di tempo nello stato improvviso di fiore e di frutto, poi appassisca.

110. Noi, invece, abbiamo cominciato con lo studio della vegetazione della pianta annuale, e quindi non abbiamo difficoltà ad applicare i risultati della nostra ricerca alle vegetazioni longeve, perché la gemma che sboccia dall'albero più vecchio non è, in realtà, che una pianta annuale sebbene si sviluppi da un tronco già da tempo formato e possa, a sua volta, avere una durata maggiore.

111. La seconda causa che impedì a Linneo di spingersi oltre, fu la tendenza a considerare come parti allo stesso grado operanti, viventi e necessarie i diversi cerchi concentrici del corpo della pianta – la corteccia esterna, il libro, il legno e il midollo – e attribuir loro l'origine dei fiori e dei frutti, perché anch'essi sembravano avvolti l'uno nell'altro, e l'uno dall'altro sviluppati. In realtà, si trattava di un'osservazione superficiale, che un esame più attento non conferma. Così, la corteccia esterna non è atta a favorire un ulteriore accrescimento e, in caso di alberi longevi, è una massa troppo indurita e isolata all'esterno, come il legno s'indurisce troppo verso il centro. In molti alberi, la corteccia si stacca; da altri può essere asportata senza danno; non può dunque produrre né un calice né altre parti vive. È nel libro, nella corteccia secondaria, che tutta l'energia di vita e vegetazione si concentra. Se esso è leso, anche la crescita ne soffre; è di qui, come risulta da un'osservazione più accurata, che si sprigionano tutti gli organi esterni, nel caule a poco a poco, nel fiore e nel frutto di colpo. Linneo, invece, non assegnava al libro che il compito subalterno di produrre i petali, mentre al legno attribuiva l'importante generazione degli organi maschili, quando invece si può chiaramente osservare che è una parte in stato di riposo dovuto alla sua solidificazione, e bensì longeva, ma priva di azione vitale. Infine, secondo Linneo, al midollo spetterebbe la funzione più importante di produrre gli organi femminili e una numerosa discendenza. I dubbi sollevati circa l'importanza essenziale del midollo, e le ragioni addotte per escluderla, sembrano anche a me decisive. Era solo un'apparenza che stilo e frutto si sviluppassero dal midollo – apparenza giustificata dal fatto che, al momento della loro apparizione, questi organi si trovano in uno stato indefinito, vagamente midollare, parenchimatoso, e sono concentrati appunto in mezzo al caule dove siamo soliti vedere soltanto midollo.

XVIII. RIEPILOGO

112. Mi auguro che questo tentativo di spiegare la metamorfosi delle piante rechi qualche contributo alla soluzione di tali dubbi e agisca come stimolo a ulteriori esperienze e deduzioni. Le osservazioni sulle quali esso si basa sono già state fatte, riunite e anche singolarmente classificate,[24] e si potrà presto stabilire se il passo così compiuto si avvicini o meno alla verità. Riassumiamo il più brevemente possibile i risultati principali della nostra ricerca.

113. Quando osserviamo una pianta sotto l'angolo della manifestazione delle sue forze vitali, notiamo che queste operano in un duplice modo: anzitutto, nella *vegetazione*, che fa nascere il fusto e le foglie; poi nella *riproduzione*, che trova il suo termine ultimo nella formazione del fiore e del frutto. Osservando più attentamente la crescita, si nota che, sviluppandosi la pianta di nodo in nodo, di foglia in foglia, e così crescendo, ha luogo una specie di propagazione, distinta dalla riproduzione mediante fiori e frutti (la quale avviene in modo *istantaneo*) in quanto è *successiva*, cioè si presenta in una successione di singoli sviluppi. Questa forza vegetativa e gradualmente estrinsecantesi ha una grande affinità con quella che sviluppa di colpo una grande riproduzione. Si può, in diverse circostanze, costringere la pianta a *crescere sempre*, come invece si può *affrettarne la fioritura*. Quest'ultimo caso si verifica quando prevalgono i succhi più puri; il primo, quando alla pianta affluiscono in maggior copia succhi più grezzi.

114. Definendo la *crescita* come riproduzione successiva, e la *fioritura* e la *fruttificazione* come riproduzione simultanea, abbiamo anche indicato *come* le due operazioni si manifestino. Una pianta che *cresce* si allunga più o meno, sviluppa uno stelo o un caule, gli internodi sono generalmente pronunciati, le foglie si allargano in tutte le direzioni dal fusto. Invece, una pianta che *fiorisce* si contrae in tutte le sue parti, lunghezza e larghezza sembrano svanire, e tutti gli organi, in stato di altissima concentrazione, appaiono sviluppati l'uno contro l'altro.

115. La pianta può crescere, fiorire e fruttificare; ma sono sempre gli *stessi organi* che, in destinazioni e forme spesso diverse, seguono le prescrizioni della natura. Lo stesso organo che, come foglia, si espande dal fusto e prende forme straordinariamente diverse, si contrae poi nel calice, torna a espandersi nei petali, si contrae negli organi riproduttivi, per riespandersi infine come frutto.

116. Questo modo di operare della natura è connesso a un altro: cioè alla *riunione di diversi organi intorno ad un centro*, secondo cifre e misure che, tuttavia, appaiono notevolmente superate e variamente modificate in molti fiori e in date circostanze.

117. Allo stesso modo, alla formazione dei fiori e dei frutti contribuisce un'*anastomosi*, per effetto della quale le parti più delicate e concrescenti della fruttificazione si fondono nel modo

più intimo, per tutta la durata della loro vita o solo per una frazione di essa.

118. Questi fenomeni *dell'accostamento, della concentrazione e dell'anastomosi* non sono propri esclusivamente dei fiori e dei frutti; qualcosa di simile si riscontra già nei cotiledoni, e in seguito altri organi ci forniranno materia ad osservazioni analoghe.

119. Come abbiamo cercato di spiegare gli organi apparentemente diversi della pianta in crescita e della pianta in stato di fioritura partendo da un *solo* organo, cioè la *foglia*, che suole svilupparsi a ogni nodo, così abbiamo osato derivare dalla forma foliare anche quei frutti che offrono la particolarità di ricoprire interamente i semi nella loro guaina.

120. A questo punto, è chiaro come sia necessario un termine generale con cui indicare quest'organo metamorfosatosi in forme così diverse, e comparare tutte le fasi della sua modificazione. Per ora, accontentiamoci di mettere sistematicamente a confronto, progressivamente e regressivamente, i diversi fenomeni. Infatti, possiamo dire tanto che uno stame è un petalo contratto, quanto che il petalo è uno stame in espansione; possiamo dire di un sepalo che è una foglia caulinaria contratta, e avvicinantesi a un certo grado di perfezione, quanto di una foglia caulinaria che è un sepalo dilatatosi per l'affluire di succhi più grezzi.

121. Parimenti, si può dire del fusto che sia un fiore e un frutto espansi, come di questi che siano un fusto contratto.

122. Inoltre, al termine del mio saggio ho studiato anche lo sviluppo delle gemme, e cercato di spiegare con esso i fiori composti e i frutti nudi.

123. Così mi sono sforzato di esporre col massimo di completezza una tesi per me molto convincente. Se, malgrado ciò, non si è raggiunta l'evidenza piena, se la tesi è passibile di molte critiche, e non sempre e dovunque la si può applicare, sarà mio dovere raccogliere tutte le osservazioni e studiare con tanto maggior cura e copia di particolari la materia, per renderla ancor più convincente e assicurarle il plauso universale che oggi, forse, essa non può attendersi.

VICENDE DEL MANOSCRITTO *

Dall'Italia, il regno della forma, fui ricacciato nell'informe Germania, da un cielo sereno a un cielo torbido; gli amici, invece di consolarmi e riattirarmi a sé, mi spingevano alla disperazione. Il mio entusiasmo per gli oggetti più lontani e meno noti, il mio dolore, il mio rimpianto di ciò che avevo perduto, sembravano offenderli; non mi circondava alcuna simpatia, nessuno comprendeva la mia lingua. A questo stato penoso non mi riusciva di adattarmi, la privazione era troppo forte perché il senso esterno vi si adattasse; ma infine lo spirito si ridestò, cercando di mantenersi illeso.

Nel corso di due anni non avevo cessato di osservare, raccogliere, riflettere, sforzarmi di affinare le mie capacità. Avendo appreso, fino a un certo grado, come la privilegiata nazione greca avesse proceduto per sviluppare nella propria cerchia nazionale l'arte più eccelsa, potevo sperar di raggiungere a poco a poco una visione d'insieme, e così procurarmi un godimento artistico puro e libero da preconcetti. Inoltre, credevo di aver imparato dalla natura come si metta all'opera secondo una legge per produrre forme viventi, modelli di ogni forma creata ad arte. Il terzo argomento che mi teneva occupato erano i costumi dei popoli, per impararne come, dall'incontro di necessità e arbitrio, di impulso e volere, di moto e resistenza, nasca un terzo *quid* che non è né arte né natura, ma l'una e l'altra insieme, necessario e fortuito, intenzionale e cieco: voglio dire, la società umana.

Nell'atto in cui mi muovevo in queste regioni e cercavo di perfezionare le mie conoscenze, mi diedi a mettere in iscritto ciò che mi sembrava di veder più chiaramente; così era siste-

* Titolo originale: *Schicksal der Handschrift.*

mato il ricordo, ordinata l'esperienza e fissato l'attimo. Scrissi contemporaneamente un saggio sull'arte, la maniera e lo stile,[25] un altro per spiegare la metamorfosi delle piante, e *Il Carnevale romano*;[26] essi mostrano che cosa si agitasse allora in me e quale posizione assumessi di fronte a questi tre grandi regni. Il tentativo di spiegare la metamorfosi delle piante, cioè di ricondurre a un principio generale semplice la molteplicità delle manifestazioni particolari dello splendido giardino del mondo, fu il primo ad essere concluso.

Ma è un'antica verità letteraria, che ciò che scriviamo ci piace, altrimenti non l'avremmo scritto. Soddisfatto del mio nuovo saggio, io mi lusingavo di aprirmi anche nel campo scientifico una felice carriera di scrittore; senonché, proprio qui doveva accadermi quello che avevo sperimentato in occasione dei miei primi lavori poetici; ero fin dall'inizio risospinto su me stesso, con la differenza che i primi ostacoli additavano già gli ultimi, e fino ad oggi vivo in un mondo del quale poco sono in grado di comunicare. Il manoscritto ebbe le vicende che seguono.

Del signor Göschen, editore della raccolta dei miei scritti, avevo tutte le ragioni d'esser soddisfatto,[27] disgraziatamente, la loro stampa cadde in un'epoca in cui la Germania non sapeva, né voleva più sapere nulla di me, e io credetti di capire che il mio editore non trovava lo smercio conforme al suo desiderio. Frattanto, io avevo promesso di offrire a lui prima che ad altri i miei scritti futuri, condizione che ho sempre ritenuta equa. Gli feci quindi sapere ch'era pronto un lavoretto di contenuto scientifico, di cui desideravo la stampa. Se egli non si fosse più ripromesso nulla di eccezionale dai miei lavori, o se in questo caso, come posso supporre, avesse chiesto a competenti che cosa si debba ritenere di un salto così brusco in campi diversi, non voglio indagare; basti che difficilmente capii perché rifiutasse di stampare il mio saggio, in quanto, nella peggior delle ipotesi, col piccolo sacrificio di sei fogli di cartaccia egli si sarebbe potuto conservare un autore fertile, ancora fresco, fidato, e contento di poco.

Così mi ritrovai nella stessa situazione di quando offrii all'editore Fleischer i miei *Complici*;[28] ma per questa volta non mi persi d'animo. Ettinger di Gotha, avendo in animo di stabilire rapporti con me, si offrì di rilevare il manoscritto, e così queste poche pagine, elegantemente stampate in carattere latino, andarono alla ventura per il mondo.

Il pubblico rimase sorpreso; giacché, nel desiderio di vedersi servito bene e in modo uniforme, pretende da ciascuno che resti nel suo campo, e questa pretesa non è priva di ragioni: infatti, chi vuol produrre l'eccellente, che è in tutte le direzioni infinito, non deve cimentarsi su mille vie diverse, come a Dio e alla Natura è concesso. Perciò si vuole che un ingegno distintosi in un campo, e il cui modo e carattere è universalmente conosciuto e stimato, non si allontani mai dalla sua cerchia e, quanto meno, non spicchi il salto verso campi molto remoti. Se uno ci si prova, non gli si è grati; anzi, faccia pur bene, non gli si rivolge alcun particolare plauso.

Ora, l'uomo vivo sente di esistere non per il pubblico, ma per se stesso; non tollera di esaurirsi e consumarsi in un soggetto; cerca ristoro in altri. Ogni ingegno forte è inoltre un ingegno universale, che affonda lo sguardo dappertutto, ed esercita a piacer suo la sua attività ora in questa, ora in quella cosa. Abbiamo dei medici che costruiscono con passione ed aprono fabbriche e giardini; e dei chirurghi numismatici e proprietari di collezioni preziose. Astruc,[29] chirurgo personale di Luigi XIV, fu il primo ad applicare bisturi e sonda al *Pentateuco*, e quanto non devono le scienze a dilettanti pieni di simpatia, a convitati senza preconcetti! Conosciamo uomini d'affari che divorano romanzi e non si saziano di giocare a carte; gravi padri di famiglia che ad ogni altro svago preferiscono l'opera buffa. Da anni ci si ripete fino alla noia la verità eterna che la vita umana è composta di serietà e di giuoco, e merita il nome di saggio e di felice soltanto chi sappia muoversi in equilibrio fra i due, giacché, anche senza bisogno di farselo ordinare, ciascuno desidera l'opposto di se stesso, per avere il tutto.

Quest'esigenza si impone in mille modi all'uomo operoso. Chi muoverebbe rimprovero a Chladni,[30] quest'ornamento della nazione? Il mondo dev'essergli grato di aver saputo in varia guisa strappare un suono a tutti i corpi e, infine, renderlo visibile; ma che cos'è più lontano da questo sforzo, che l'osservazione dei meteoriti? Conoscere e indagare fenomeni che spesso si rinnovano ai giorni nostri, svolgere le parti di questi prodotti celesti-terreni, studiare la storia di un prodigio che si ripete attraverso tutti i tempi, è una bella, onorevole impresa. Ma che cosa la unisce all'altra? forse il colpo di tuono con cui gli aeroliti precipitano quaggiù? No certo, ma il fatto che una mente vigile e pronta vede imporsi alla sua osservazione due dei fenomeni naturali più remoti, e segue con la stessa instancabile tenacia l'uno e l'altro. Traiamo riconoscenti il partito che così ci si offre!

VICENDE DELL'OPUSCOLO *

Colui che, in silenzio, si occupa di un argomento serio, e cerca in tutta sincerità di abbracciarlo nell'insieme, non si rende conto che i contemporanei sono abituati a ragionare in modo ben diverso; ed è una fortuna, giacché, se non gli fosse dato di credere nella simpatia del prossimo, perderebbe la fiducia in se stesso. Ma fate che esca con la sua teoria, ed ecco rivelarglisi che diversi punti di vista si combattono nel mondo, disorientando sia i dotti che gli incolti. Il giorno è sempre diviso in partiti che non conoscono né se stessi, né i loro antipodi. Ognuno fa con passione ciò che può, e arriva fin dove gli riesce.

Ora anch'io, prima di conoscere un giudizio ufficiale, fui stranamente colpito da una notizia privata. In una nobile città tedesca si era costituita una società di cultori delle scienze che, per via teorica e pratica, producevano in collaborazione molto di pregevole. Anche in questa cerchia il mio opuscolo, come novità non comune, fu letto con ardore; ma nessuno ne parve soddisfatto; tutti dicevano che non si riusciva a capire a che cosa intendesse approdare. Uno dei miei amici d'arte romani, essendomi affezionato e avendo fiducia in me,[31] prese in mala parte che il mio libro fosse così bistrattato, anzi respinto; giacché, per lunga dimestichezza, mi aveva sentito parlare in modo conseguente e ragionevole intorno a diversi soggetti. Lo lesse quindi con attenzione e, pur non comprendendone bene la struttura, ne afferrò con simpatia e senso artistico il nocciolo essenziale, e diede dell'esposto un'interpretazione bizzarra, se si vuole, ma geniale.

L'autore, disse, ha un suo scopo segreto che però io vedo con grande chiarezza; egli vuol insegnare all'artista come ideare ornamenti floreali che, secondo la maniera degli antichi, sboccino e si avvitino in uno sviluppo crescente. La pianta deve nascere dalle foglie più semplici; queste a grado a grado si articolano, s'intersecano, si moltiplicano e, mentre si fanno avanti, diventano sempre più complesse, esili e leggere, finché si raccolgono nella maggior ricchezza del fiore, e spandono semi o ricominciano un nuovo ciclo di vita. Pilastri di marmo così ornati si vedono alla Villa Medici, ed ora per la prima volta capisco a che cosa con essi si mirava. L'infinita varietà delle foglie è poi superata dal fiore, finché spesso, invece di semi, escono figure di animali e genietti, senza che ciò, dopo lo splendido sviluppo che l'ha preceduto, appaia minimamente inverosimile; ed io mi lusingo, se-

* Titolo originale: *Schicksal der Druckschrift.*

guendo queste indicazioni, di scoprire una quantità di fregi, visto che finora ho imitato inconsapevolmente gli antichi.

In questo caso, tuttavia, non fu ben predicato ai dotti: in mancanza di meglio, essi accolsero con indulgenza la spiegazione, ma osservarono che, se si ha di mira soltanto l'arte, se si va solo a caccia di fregi, non si deve fare come se si lavorasse per la scienza, dove fantasie del genere non sono consentite. Più tardi, l'artista mi assicurò che, seguendo le leggi naturali così come le avevo esposte io, gli era riuscito di combinare il naturale e l'impossibile e ottenerne qualcosa di piacevolmente verosimile. Ma, a quei signori, non gli era stato più concesso di fornire schiarimenti.

La stessa canzone mi era ripetuta da altre parti; nessuno voleva ammettere che si potessero combinare scienza e poesia. Si dimenticava che la scienza è uscita dalla poesia, né si considerava che, mutando i tempi, le due potrebbero amichevolmente ritrovarsi, con vantaggio reciproco, su un piano superiore.

Amiche che, già prima, volentieri mi avrebbero strappato alla solitudine delle montagne e all'osservazione di rocce immobili, erano pur esse scontente del mio astratto giardinaggio. Piante e fiori dovrebbero distinguersi per forma, colore, profumo; eccoli invece scomparire in uno schema fantasmagorico. Cercai quindi di procurarmi la partecipazione di queste anime benigne con un'elegia alla quale si concederà un posto qui, dove, collegata a una trattazione scientifica, dovrebbe riuscir più comprensibile che inserita in una successione di poesie delicate e passionali.

Metamorfosi delle piante [32]

Ti turba, o amata, qui la mescolanza
di mille e mille fiori, onde il giardino
è variopinto; molti nomi ascolti,
e con barbaro suono ecco che sempre
l'uno soppianta nell'orecchio l'altro.
Tutte le forme sono affini, e niuna
somiglia all'altra; così allude il coro
ad una legge occulta, a un sacro enimma.
Oh, s'io potessi a te, diletta amica,
dir tosto la parola atta a svelarlo!
Nel divenire osserva ora la pianta,
come, guidata a ciò di grado in grado,
si plasmi lentamente in fiore e frutto.
Dal seme essa germoglia, appena il grembo
silenzïosamente fecondante
della terra lo libera alla vita,

e all'estro della luce alma, ognor mossa,
pur la delicatissima struttura
delle foglie nascenti raccomanda.
Dormia la forza semplice nel seme;
un modello incipiente, in sé rinchiuso,
giaceva ripiegato nella scorza,
foglia e radice e germe solo a mezzo
configurato e privo di colore;
così il secco granello tiene in serbo
tranquilla vita, erompe verso l'alto,
alla benigna umidità s'affida,
e dalla notte circostante sorge.
Semplice tuttavia resta la forma
di questa prima apparizione; e il bimbo
si designa così pur tra le piante.
Nodi su nodi ammonticchiando, un'altra
germinazione subito sorgiunge,
e rinnovella ognor la prima forma.
Ma non sempre la stessa, a dire il vero;
ché differente si produce, vedi,
quand'è perfetta, la seguente foglia,
più ampia e frastagliata, e più divisa
in punte e lobi che posavan dianzi
nell'organo inferiore avvolti insieme.
Così raggiunge il termine prefisso
che in molte specie allo stupor ti muove.
Ben costoluta e dentellata, sopra
la turgescente, pingue superficie,
libera e senza fine esser ti sembra
la piena della sua germinazione.
Ma qui Natura, con possenti mani,
arresta lo sviluppo e blandamente
a più completa perfezion lo volge.
Più moderato ora dispensa il succhio,
restringe i vasi, e subito la forma
più delicati effetti manifesta.
Il rampollar dei margini anelanti
pian piano si ritrae, così che il fusto
più interamente elabora il suo nerbo.
Ma senza foglie e rapido s'innalza
lo stelo più sottile, e chi l'osserva
è da una vista prodigiosa attratto.
Contate e senza numero, all'ingiro
la più piccola foglia ora si pone
accanto alla sua gemina sorella.
Il calice nascosto, avvinto al perno,
si schiude, ed ecco che all'eccelsa forma
di bei colori prodiga corone.

Così Natura sfoggia al colmo il fasto,
e membra a membra sovrapposte mostra.
Sempre di nuovo ti stupisci, appena
ondeggia il fior sull'agile armatura
di foglie alterne; la magnificenza
nunzia è però di creazion novella.
Sì, sente il tocco della man divina
e si contrae la colorata foglia;
le più tenere forme voglion farsi
avanti doppie, a unirsi risolute.
Stan confidenti insiem le coppie amiche,
fan cerchio intorno al consacrato altare.
Scende a volo Imeneo; dolce profumo
spandono intorno a sé potentemente,
tutto avvivando, deliziosi effluvi.
Or scompagnati inturgidiscon tosto
germi infiniti, inviluppati dentro
l'alvo materno dei rigonfi frutti.
E qui l'anello delle forze eterne
chiude Natura; ma all'istante un altro
si salda al precedente, onde attraverso
a tutti i tempi la catena duri,
e viva, come il singolo, l'intero.
Volgi ora, o amata, al brulichio sgargiante
lo spirito che più non se ne turba!
Ogni pianta t'annunzia eterne leggi,
ogni fiore con te parla più chiaro.
Ma se le sacre lettere decifri
qui della Dea, poi le ravvisi ovunque,
s'anche mutato te ne appaia il tratto.
Sbirciando esiti il bruco, la farfalla
s'affretti affaccendata, cambi l'uomo
agevolmente anche la stabil forma!
Oh, pensa come in noi, a poco a poco,
dal germe della prima conoscenza
soave pullulò dimestichezza,
con quale vigoria nel nostro interno
si discoprì, sbocciando, l'amicizia,
e come alfin Amor diè fiori e frutti!
Pensa come molteplice Natura
ai nostri sentimenti abbia prestato,
cheta evolvendo, or queste forme, or quelle!
Il sacro amore aspira al sommo frutto
di vedute concordi, onde la coppia
in armonico intuïto s'unisca,
e trovi insieme il mondo superiore.

Questa poesia riuscì graditissima all'amata[33] che aveva tutto il diritto di riferirla a sé; grande fu pure la mia gioia quando il paragone vivente esaltò e completò la nostra bella e profonda simpatia, ma dal resto della graziosa società ebbi molto a soffrire; essa parodiava le mie metamorfosi, fantasticando di allusioni risentite e stuzzicanti.

Amarezze di natura più seria mi attendevano tuttavia da amici stranieri fra i quali, nell'esultanza del mio cuore, avevo distribuito in omaggio copie dell'opuscolo; tutti più o meno mi risposero con frasi alla Bonnet; infatti, la sua *Contemplation de la Nature*[34] aveva, per essere apparentemente accessibile a tutti, conquistato il pubblico, e messo in circolazione un linguaggio col quale si riteneva di dir qualcosa e di capirsi a vicenda. Al mio modo di esprimermi, nessuno voleva adattarsi. Ora, non esser capiti quando, dopo grandi sforzi e lunga applicazione, si crede di aver finalmente compreso se stessi e l'argomento, è la sofferenza maggiore; sentir ripetere all'infinito l'errore dal quale ci si era a fatica liberati spinge alla follia; che ciò che dovrebbe unirci a uomini colti e penetranti sia invece causa di un distacco insuperabile, è la cosa più triste che possa accaderci.

Inoltre, i giudizi dei miei amici erano tutt'altro che riguardosi, e per l'autore non più giovane si rinnovò l'esperienza che appunto da copie donate debbano venire contrarietà e dispiaceri. Se un libro ci capita in mano per caso, o per suggerimento, lo si legge e magari lo si compra; se un amico, in tranquilla fiducia, ci invia la sua opera, è come s'egli pretendesse d'imporci una superiorità intellettuale. Allora, la cattiveria per la cattiveria si mostra nella forma più odiosa, come invidia e malvolere verso persone felici di confidare altrui una faccenda di cuore. Diversi scrittori da me interrogati mostrarono di non essere all'oscuro di questo fenomeno del mondo morale.

Devo tuttavia encomiare a questo punto un amico e protettore che durante e al termine della mia fatica agì lealmente: Carl von Dalberg,[35] un uomo che, in tempi più tranquilli, ben meritava di raggiungere la felicità alla quale era nato e predisposto, di ornare con un'attività sempre pronta le cariche più alte, e di gustarne serenamente i vantaggi coi suoi cari. Lo si trovava sempre alacre, comprensivo, stimolante e, anche non potendo condividere in tutto e per tutto il suo modo di vedere, non si mancava mai di derivarne, nei particolari, un aiuto intelligente e generoso. In tutta la mia attività scientifica io gli sono stato largamente debitore, perché egli sapeva movimentare ed animare la fissità con la quale aderivo alla natura.

Infatti, egli aveva il coraggio, con formule ben articolate, di mediare, di avvicinare all'intelletto, il percepito.

Di una recensione favorevole nei « Göttinger Anzeigen », febbraio 1791,[36] potevo considerarmi solo a metà soddisfatto. Mi si concedeva di trattare il mio tema con chiarezza ed organicità, il recensore esponeva con brevità e precisione lo sviluppo del mio saggio; ma in quale direzione puntasse non era spiegato, ed io non ne ricevetti alcun impulso. In realtà, poiché mi si riconosceva di aver battuto bene un tratto del cammino che porta alla scienza, il mio desiderio più vivo era che di lì mi si venisse incontro, importandomi non già di metter radici in un posto, ma, istruito e illuminato, procedere il più spedito possibile in codeste regioni. Poiché le cose non andavano com'era nella mia speranza e nei miei desideri, rimasi fedele all'attrezzatura di cui disponevo. A questo fine furono raccolti erbari e conservate sotto spirito curiosità diverse; inoltre, feci eseguire disegni e preparare incisioni; il tutto, destinato a favorire il proseguimento del lavoro. Lo scopo era di render visibile ai sensi il fenomeno primo, e confermare l'applicabilità del mio saggio. Senonché, contro ogni aspettativa, mi vidi trascinato in una vita estremamente mobile. Seguii il mio principe, e quindi l'esercito prussiano, in Slesia, nella Champagne e fino all'assedio di Magonza.[37] Questi tre anni consecutivi riuscirono di grande vantaggio alle mie occupazioni scientifiche. Vidi i fenomeni della natura a cielo aperto, non ebbi bisogno di far passare un raggio filiforme attraverso la camera più buia, per sapere che produce colori chiari e scuri. E, così facendo, non mi accorsi del tedio infinito delle campagne militari, che sono tanto noiose quanto invece il pericolo ci ravviva ed esalta. Ininterrotte furono tanto le mie osservazioni, quanto il disegno delle cose osservate; e a me, l'infelice di mano, era di nuovo accanto con la sua bella scrittura il buon genio che tanto mi era stato propizio a Karlsbad e prima.[38]

Privato di ogni possibilità ed occasione di frugare nei libri, mi servivo ogni tanto del mio opuscolo per avvicinare dotti amici ai quali l'argomento interessava, con la preghiera di voler, per amor mio, prestare attenzione nella loro vasta cerchia di letture a tutto ciò che sulla materia fosse stato scritto e riferito; ero infatti già da tempo convinto che non v'è nulla di nuovo sotto il sole, e che nella letteratura si può sempre trovare adombrato ciò che noi stessi percepiamo, pensiamo, o addirittura produciamo. Siamo originali, solo perché non sappiamo nulla.

Questo desiderio si trovò felicemente appagato quando il mio egregio amico Friedrich August Wolf mi segnalò il suo omonimo, che da tempo batteva la via da me seguita.[39]

SCOPERTA DI UN ECCELLENTE PRECURSORE *

Caspar Friedrich Wolf, nato a Berlino nel 1733, studia a Halle, si laurea nel 1759, e la sua dissertazione *Theoria generationis* presuppone molte osservazioni al microscopio e una assidua e seria riflessione che difficilmente ci si può attendere da un giovane di ventisei anni. Esercita la professione a Breslau, tiene nell'ospedale di questa città corsi di lezioni di fisiologia e di altre discipline. Dopo essere chiamato all'Università di Berlino continua le sue lezioni; desidera dare ai suoi ascoltatori una nozione completa del concetto di generazione: pubblica perciò nel 1764 un volume in ottavo in lingua tedesca, di cui la prima parte è storica e polemica, la seconda dogmatica e didattica. Poi diviene Accademico a Pietroburgo, dove nei commentari e negli atti dal 1767 al 1792, appare come un sollecito collaboratore. Tutti i suoi scritti fanno vedere che è rimasto assolutamente fedele tanto al proprio corso di studi, quanto alle proprie convinzioni, fino alla morte che giunse nel 1794. I suoi confratelli si espressero su di lui nel seguente modo: « Egli portò a Pietroburgo la già consolidata reputazione di un profondo anatomista e di un acuto fisiologo, una reputazione che seppe in seguito confermare e accrescere attraverso il grande numero di ottimi articoli divulgati nelle raccolte dell'Accademia. Già in precedenza si era reso celebre con un intelligente e fondamentale saggio sulla generazione, e nella disputa che egli ebbe su ciò con l'immortale Haller che, nonostante la divergenza di opinioni, lo trattò sempre con molto onore e amicizia. Amato e stimato dai suoi colleghi tanto per la sua scienza quanto per la sua lealtà e dolcezza d'animo, spirò a sessant'anni con il rimpianto di tutta l'Accademia, nella quale per ventisette anni era stato membro attivo. Né la famiglia né le carte che ha lasciato poterono fornire qualcosa da cui si sarebbe potuto costruire in un certo modo una circostanziata descrizione della vita. Ma la monotonia in cui visse uno scienziato, solo e ritirato, che ha passato i suoi anni solamente in uno studio, dà così poca materia per una biografia che probabilmente non abbiamo qui dimenticato molto. L'unica parte significativa e utile della vita di un tal uomo è custodita nei suoi scritti, per mezzo dei quali il suo nome è consegnato ai posteri; mancandoci allora una descrizione della sua vita, diamo l'elenco dei suoi lavori accademici, che può ben valere come elogio, perché più di un bellissimo discorso fa percepire l'enorme perdita che soffriamo per la sua morte. »

Dunque, una nazione straniera ha onorato e stimato pubbli-

* Titolo originale: *Entdeckung eines trefflichen Vorarbeiters.*

camente già vent'anni fa un nostro straordinario concittadino che una scuola dominante, con la quale non poteva accordarsi, aveva allontanato molto presto dalla sua patria, e io mi rallegro di poter riconoscere che da più di venticinque anni ho imparato da lui e con lui. Tuttavia, quanto egli sia stato poco conosciuto in questi anni in Germania, lo dimostra il nostro benemerito quanto onesto Meckel, nell'occasione della traduzione del saggio sulla formazione dell'intestino delle galline.[40]

La Parca mi conceda di esporre nei particolari come io ho camminato per così tanti anni accanto e insieme a quest'uomo eccellente, come io ho cercato di penetrare il suo carattere, le sue convinzioni, il suo insegnamento, quanto ampio è stato possibile l'accordo con lui, quanto mi sono sentito stimolato per ulteriori progressi, come per tutto questo gli sarò sempre riconoscente.

Qui parliamo solo del suo punto di vista sulla trasformazione delle piante che egli già aveva messo in luce nel suo saggio sulla generazione e nelle successive esposizioni tedesche, e che tuttavia è raccolto ed espresso nel modo più chiaro nel suo primo, citato, saggio accademico. Da lì prendo, riconoscente, questo passo nella traduzione di Meckel, e aggiungo solo poche osservazioni per chiarire ciò che in seguito desidererei più estesamente sviluppare.

CASPAR FRIEDRICH WOLF SULLA FORMAZIONE DELLE PIANTE *

« Ho cercato di chiarire, secondo la loro formazione, la maggior parte delle componenti delle piante che hanno tra loro la massima somiglianza (e perciò facilmente confrontabili), cioè le foglie, il calice, i petali, il pericarpio, il seme, il fusto, la radice.

Si confermava così che le diverse parti di cui consistono le piante sono straordinariamente simili l'una all'altra, e perciò sono facilmente riconoscibili nella loro essenza e nel loro modo di formarsi. Non c'è infatti bisogno di una grande perspicacia per osservare, soprattutto in certe piante, che il calice si distingue solo di poco dalle foglie, che è, per dirla in breve, nient'altro che un insieme di molte foglie più piccole e più imperfette. Ciò si vede molto chiaramente nelle piante di un anno con fiori composti, dove le foglie lentamente diventano tanto più piccole, più imperfette, più numerose e si accostano molto vicino l'una al-

* Titolo originale: *Caspar Friedrich Wolf über Pflanzenbildung.*

l'altra quanto più si situano verso l'alto del fusto, finché le ultime che si trovano immediatamente sotto al fiore, estremamente piccole e fittamente raggruppate, rappresentano le foglie del calice e formano, prese insieme, il calice stesso.

Non meno distintamente, anche il pericarpio è composto da più foglie, soltanto con la differenza che qui le foglie si fondono l'una con l'altra, mentre nel calice sono semplicemente raggruppate. La correttezza di qûesta opinione dimostra non solo l'erompere di molti follicoli e la spontanea dissoluzione degli stessi nelle loro foglie, cioè nelle parti di cui essi sono composti, ma anche la semplice considerazione e osservazione esteriore del pericarpio. Infine gli stessi semi, nonostante non abbiano al primo sguardo la minima affinità con le foglie, non sono di fatto nient'altro che foglie fuse; infatti le membrane in cui essi si suddividono, sono foglie, ma tra tutte le foglie dell'intera pianta sono quelle sviluppate nel modo più incompleto, informe, piccolo, denso, duro, secco, bianco. Ogni dubbio sulla correttezza di questa asserzione viene superata quando si osserva come queste membrane, non appena il seme viene affidato alla terra perché continui la vegetazione interrotta nella pianta madre, si trasformano nelle più perfette, verdi foglie ricche di linfa, i cosiddetti cotiledoni. Da alcune considerazioni diventa per lo meno molto probabile che anche la corolla e lo stame non siano di nuovo altro che foglie modificate. Si vedono cioè non di rado le foglie del calice diventare petali e questi, viceversa, foglie del calice. Se ora le foglie del calice sono vere e proprie foglie, e i petali non sono altro che foglie del calice, non vi è così nessun dubbio che anche i petali sono vere e proprie foglie modificate. In modo analogo si osserva che anche i filamenti della *polyandra* di Linneo si trasformano spesso in petali e quindi formano fiori ben formati, e, viceversa, i petali diventano filamenti: da ciò deriva di nuovo che anche i filamenti, nella loro essenza, sono propriamente delle foglie. In una parola, in tutta la pianta, le cui parti a un primo sguardo si differenziano l'una dall'altra in modo così straordinario, si vede, qualora si rifletta accuratamente, nient'altro che foglie e fusto, in quanto la radice appartiene a quest'ultimo. Queste sono le sue parti più vicine, immediate, composte, di cui quelle lontane e semplici (da cui vengono di nuovo formate) sono i vasi e le vescichette.

Se dunque tutte le parti della pianta, a eccezione del fusto, possono essere ricondotte alla forma della foglia, e non sono altro che sue modificazioni, ne consegue facilmente che la teoria della generazione delle piante non è molto difficile da sviluppare; parimenti è indicata la via da percorrere se si vuole presentare questa teoria. Innanzitutto attraverso l'osservazione si deve accertare in che modo si formano le foglie semplici o, il che è equivalente, come si sviluppa la comune vegetazione, su quali basi si fonda, attraverso quali forze si realizza. Se si vede chiaro in questo, allora devono essere ricercate le cause, le circostanze, le condizioni che modificano nelle parti superiori della pianta (dove, stando all'apparenza, si manifestano i fenomeni nuovi e si sviluppano le parti apparentemente diverse) le modalità generali di vegetazione, cosicché al posto delle semplici foglie si presentano queste foglie costituite in modo particolare. Procedetti allora secondo questo piano e trovai che tutte queste modificazioni si fondano sul graduale decrescere della forza di vegetazione, che diminuisce a mano a mano che la vegetazione continua nel tempo, scomparendo alla fine del tutto; trovai quindi che l'essenza di tutti questi mutamenti delle foglie consiste in una più incompleta formazione delle foglie stesse. Mi fu facile dimostrare attraverso una grande quantità di ricerche questo graduale decrescere della vegetazione e delle sue cause (di cui sarebbe qui troppo lungo dare precise indicazioni) e, esclusivamente su questa base, anche tutti i nuovi fenomeni che le parti del fiore e del frutto presentano e che sembrano così tanto diverse dalle altre foglie; parimenti ho potuto chiarire una grande quantità di piccoli aspetti che si riferiscono a tutto questo.

Se si ricerca la storia della formazione delle piante si definisce in questo modo l'oggetto; invece è tutta un'altra cosa se ci si rivolge al regno animale. »

ALCUNE OSSERVAZIONI *

Pensando di fare alcune osservazioni sulle cose dette sopra, devo guardarmi dall'inoltrarmi troppo profondamente nell'esposizione del modo di pensare e della dottrina di un uomo così eccellente, cosa che accadrà certamente in futuro; tanto basta per stimolare ulteriori riflessioni.

Egli riconosce espressamente l'identità delle parti della pianta nonostante la sua mutabilità; tuttavia il suo modo di esperire, una volta assunto, gli impedisce di fare l'ultimo e principale passo. Poiché, infatti, la teoria della preformazione e dell'inscatolamento, che egli combatte, si basa su una immaginazione meramente al di fuori del sensibile, su una supposizione che si crede di pensare ma che non si può mai rappresentare nel mondo sensibile, egli pone così come massima fondamentale di

* Titolo originale: *Wenige Bemerkungen.*

tutta la sua ricerca che si possa assumere, ammettere e ritenere soltanto ciò che si è visto con gli occhi e ciò che si è sempre di nuovo in grado di mostrare agli altri. Egli perciò ha sempre cercato di penetrare negli inizi delle formazioni degli esseri viventi attraverso ricerche al microscopio e seguire così gli embrioni organici dalle loro primissime manifestazioni fino alla loro formazione. Per quanto perfetto fosse anche questo metodo con il quale egli aveva potuto fare tante cose, tuttavia quell'uomo eccellente non pensò che ci fosse una differenza tra vedere e vedere, che gli occhi della mente e gli occhi del corpo devono operare in un'incessante e vivente connessione, perché altrimenti si corre il rischio di vedere e tuttavia non trattenere ciò che si vede.

Nella trasformazione delle piante vide lo stesso organo che sempre si contraeva, che si riduceva; ma che questa contrazione si alternasse a una espansione, egli non lo vide. Vide che c'era una diminuzione di volume, e non osservò parimenti un arricchimento, così ascrisse, in modo contraddittorio, a una atrofia il cammino del compimento.

Si precluse perciò da sé la strada che poteva portarlo immediatamente alla metamorfosi degli animali, e in compenso disse senza esitazione: lo sviluppo degli animali è tutta un'altra cosa. Tuttavia il suo modo di procedere è quello giusto, il suo spirito di osservazione è il più esatto; poiché insiste sul fatto che lo sviluppo organico deve essere esattamente osservato, che la sua storia deve essere premessa a ogni descrizione della singola parte finita, perviene in tal modo sempre al giusto, sebbene in contraddizione con se stesso.

Se perciò egli nega in un aspetto l'analogia della forma di differenti parti organiche dell'animale, considerato nelle sue forme interne, in un altro ne lascia volentieri la validità; viene indotto alla negazione dell'analogia perché confronta tra loro alcuni determinati organi che non hanno alcun rapporto reciproco (per esempio il canale intestinale e il fegato, il cuore e il cervello), mentre è portato a sostenere la validità dell'analogia quando mette un sistema a confronto con un altro sistema, in modo tale che l'analogia gli passa immediatamente davanti agli occhi, riuscendo così a sollevarsi nell'audace pensiero che ci possa essere un'unica connessione tra più animali.

Posso qui tranquillamente concludere perché, per merito del nostro stimato Meckel, è giunta a conoscenza di ogni tedesco una delle sue opere più importanti.

UN FORTUNATO AVVENIMENTO *

Se ho passato i più bei momenti della mia vita quando svolgevo le mie ricerche sulla metamorfosi delle piante e mi si chiarirono i suoi graduali sviluppi, se quest'idea ispirò il mio soggiorno a Napoli e in Sicilia, se mi innamorai sempre di più di questo modo di esaminare il regno vegetale, se per esso percorsi sempre ogni possibile pensiero, ogni piccolo passaggio, tutte queste piacevoli fatiche dovevano diventarmi inestimabili, perché furono il motivo di uno dei più elevati rapporti che la fortuna mi avrebbe riservato negli anni seguenti. Lo stretto legame con Schiller lo devo a questi lieti eventi che allontanarono i malintesi che mi tennero da lui separato per lungo tempo.

Dopo il mio ritorno dall'Italia, dove avevo cercato di raggiungere precisione e chiarezza sempre maggiore in tutti i settori dell'arte, incurante di ciò che in questo periodo accadeva in Germania, trovai che godevano molta stima opere poetiche più o meno nuove di grandissimo effetto, ma che purtroppo mi davano un enorme disgusto: penso solo all'*Ardinghello* di Heinse e ai *Masnadieri* di Schiller. Odiavo il primo perché attraverso l'arte figurativa cercava di sostenere e nobilitare la sensualità e un astruso modo di pensare, il secondo perché un talento ricco di grande forza ma immaturo aveva riversato sulla patria paradossi etici e teatrali come un entusiasmante torrente, paradossi di cui io ho sempre aspirato a purificarmi.

Non rimproverai a quei due uomini di talento ciò che avevano intrapreso e portato a termine; infatti l'uomo non può negare a se stesso di agire secondo un suo proprio modo: all'inizio lo cerca inconsciamente, da ignorante, poi, a ogni gradino della sua formazione, sempre più consapevolmente; per questo nel mondo si diffondono tante cose eccellenti e sciocche, e dalla confusione si genera confusione.

Mi spaventava tuttavia il rumore che per queste cose si sollevava in patria, il plauso che a quegli strani parti veniva generalmente tributato da studenti selvaggi come da colte dame di corte; credevo infatti di vedere completamente perduti tutti i miei sforzi, mi sembrava che il modo e le cose per le quali mi ero formato, si allontanassero e si storpiassero. Quello che mi addolorava di più era che tutti gli amici legati a me, come Heinrich Meyer e Moritz, come gli artisti Tischlein e Bury, che continuavano a operare secondo le loro personali prospettive, mi sembravano parimenti in pericolo; ero molto sorpreso. Se fosse stato possibile, avrei volentieri tralasciato la contemplazione

* Titolo originale: *Glückliches Ereignis.*

dell'arte figurativa, l'esercizio dell'arte poetica; infatti che prospettiva c'era di superare quella produzione dal valore geniale e dalla forma selvaggia? Pensate alla mia situazione? Cercavo di nutrire e comunicare le più pure intuizioni e ora mi trovavo chiuso tra Ardinghello e Franz Moor!

Moritz, che era anche lui ritornato dall'Italia e si era fermato da me per un certo periodo, mi confermava con passione in questo modo di pensare; evitavo Schiller che, stando a Weimar, abitava vicino a me. L'apparizione del *Don Carlos* non era proprio adatta per farmi avvicinare a lui; respingevo tutti i tentativi di persone che erano ugualmente vicine a me e a lui, e in questo modo continuammo a vivere l'uno vicino all'altro per un certo periodo. Il suo saggio sulla grazia e la dignità non fu certamente un mezzo per riappacificarmi. Aveva accettato con gioia la filosofia kantiana che innalza a tanto livello il soggetto mentre sembra limitarlo; la filosofia kantiana sviluppava ciò che di straordinario la natura aveva portato nell'essere di Schiller, ed egli, nel più alto sentimento di libertà e autonomia, era irriconoscente con la grande madre che certo non lo aveva trattato da matrigna. Invece di considerarla autonoma, vivente nei suoi stadi più profondi fino a quelli più elevati, procreante secondo leggi, l'assumeva nella prospettiva di certe naturalità umane ed empiriche. Certe dure affermazioni potevo persino pensare che venivano dirette contro di me, mettevano in una falsa luce la mia professione di fede, e per questo le avvertivo in modo ancora più doloroso quando erano pronunciate senza riferimento a me; così l'enorme abisso tra i nostri due modi di pensare si spalancava in modo sempre più deciso.

Non si poteva immaginare alcuna riconciliazione. Persino i miti discorsi di un Dalberg che onorava Schiller con dignità, rimasero senza frutti, anzi i motivi che ostacolavano la ricerca della riconciliazione si potevano difficilmente contestare. Nessuno era in grado di negare che tra due antipodi spirituali c'è una distanza maggiore del diametro della terra, perché da ambedue i lati essi possono valere come poli, ma proprio per questo non possono mai coincidere. Tuttavia una relazione tra loro si poteva trovare: ciò si può constatare da quanto segue. Schiller arrivò a Jena, dove continuai a non vederlo. In quello stesso periodo Batsch, con un attivismo incredibile, aveva dato vita a una società di ricercatori di scienze naturali, che si valeva di bellissime raccolte e di notevoli strumenti. D'abitudine frequentavo le riunioni che si svolgevano periodicamente; una volta ci trovai lo stesso Schiller, tutti e due uscimmo casualmente nello stesso momento, si allacciò una conversazione: sembrava che avesse con attenzione partecipato ai lavori, ma osservava molto ragionevolmente e acutamente e in una forma a me molto gradita che un modo così frammentario di considerare la natura non poteva in nessun caso piacere a quel profano che volentieri si sarebbe dedicato al suo studio.

Risposi che per lo stesso studioso esperto esso probabilmente rimaneva inquietante e che poteva esserci ben altro modo di prendere in esame la natura che non quello che la isolava e la sezionava: si poteva invece rappresentarla operante e vivente nella sua tensione verso quel tutto che è nelle parti. Schiller desiderava dei chiarimenti ma non nascondeva il suo dubbio; non poteva ammettere che ciò che io sostenevo derivasse già dall'esperienza.

Giungemmo a casa sua, la conversazione mi spinse a entrare; lì esposi animatamente la metamorfosi delle piante e con alcuni tratti di penna formai davanti ai suoi occhi una pianta simbolica. Schiller ascoltava e guardava tutto questo con grande partecipazione e con decisa volontà di comprensione. Ma quando terminai, scosse la testa e disse: « Questa non è esperienza, questa è un'idea. » Io replicai un po' seccato: infatti, il punto che ci divideva era, nelle parole di Schiller, indicato nel modo più rigoroso. Mi ritornarono in mente le affermazioni contenute in *Grazia e dignità* e il vecchio rancore stava rimettendosi in movimento; mi controllai e risposi: « Può farmi molto piacere avere un'idea senza che lo sappia e perfino vederla con gli occhi. »

Schiller, che aveva più pratica di me della vita e dei modi di fare, e pensando anche che era meglio tenermi vicino anziché farmi allontanare (voleva infatti pubblicare le « Horen ») replicò da colto kantiano; poi quando emersero, per il mio ostinato realismo, alcune occasioni di vivaci contrasti, combattemmo anche molto, ma infine si trattò una tregua: nessuno dei due doveva ritenersi il vincitore, entrambi potevano ritenersi invincibili.

Sono frasi come queste che mi rendono del tutto infelice: « Come può essere data un'esperienza che sia conforme a un'idea? La specificità di un'idea infatti consiste nell'impossibilità di avere un'esperienza che sia conseguente a essa. » Poiché Schiller riteneva che fosse un'idea quella che io chiamavo esperienza, doveva pur esserci tra queste due espressioni una qualche mediazione, una relazione! Il primo passo era tuttavia fatto. Il fascino di Schiller era grande, non lasciava nessuno tra coloro che gli si avvicinavano; partecipai ai suoi progetti e gli promisi che per le « Horen » avrei tirato fuori alcune cose che mi erano rimaste nel cassetto; sua moglie, che io ero abituato ad amare e stimare fin dalla fanciullezza, contribuì molto perché si stabilisse un durevole rapporto; gli amici di entrambi se ne rallegrarono, e così sigillammo, dopo la più grande battaglia tra soggetto e oggetto (che forse non potrà mai essere del tutto riconciliata) un'alleanza che durò ininterrottamente, portando parecchi vantaggi a noi e agli altri.

Dopo questo felice inizio, nei successivi dieci anni si svilupparono sempre più le attitudini filosofiche presenti nella mia natura: di questo penso di darne conto nel migliore dei modi possibili anche se qualsiasi persona esperta deve ben avere davanti agli occhi le difficoltà esistenti in questa impresa. Infatti coloro che osservano da un punto di vista superiore la piacevole sicurezza dell'intelletto umano (dell'intelletto nato in un uomo sano che non dubita né degli oggetti e delle loro relazioni, né delle sue facoltà di riconoscerli, comprenderli, giudicarli, stimarli, utilizzarli) sono volentieri disposti ad ammettere che viene intrapreso qualcosa di impossibile quando ci si accinge a descrivere quei passaggi, che sono migliaia e migliaia, che portano a una condizione più raffinata, più libera e autocosciente. Non si può parlare di livelli di formazione, bensì di sentieri sbagliati, nascosti, traversi e quindi di un salto involontario, di un balzo di vitalità in una cultura superiore.

E chi infine può dire di muoversi sempre in modo scientifico nella più alta regione della coscienza dove si prende in esame con la più grande cautela, con decisa e silenziosa attenzione, ciò che è esteriore, dove contemporaneamente si fa operare la propria interiorità con intelligente avvedutezza, con modesta precauzione, nella paziente speranza di una intuizione armonica, realmente pura? Il mondo, noi stessi, non turbiamo forse questi momenti? Ci è comunque consentito nutrire pii desideri e non è proibito cercare di avvicinarci pieni di amore a ciò che è irraggiungibile. Innanzitutto ciò che nelle nostre descrizioni raggiunge un buon risultato, lo raccomandiamo agli amici stimati di vecchia data e al tempo stesso a quella gioventù tedesca che aspira al bene e al giusto.

Vorrei che nuove persone interessate e futuri sostenitori possano essere attratti e acquisiti da questo nostro lavoro.

LAVORI PRELIMINARI PER UNA FISIOLOGIA DELLE PIANTE *

1. *Concetti per una fisiologia.* La metamorfosi delle piante, base di una loro fisiologia.

* La WA, II, 6, ha per la prima volta pubblicato con il titolo generale *Vorarbeiten zu einer Physiologie der Pflanzen,* due saggi scritti intorno al 1795 e rimasti inediti: *Begriffe einer Physiologie* e *Betrachtung über Morphologie überhaupt.*

Essa ci mostra le leggi in base alle quali le piante sono formate, e richiama la nostra attenzione su due leggi in particolare:

1. la legge della natura interna, in base alla quale le piante sono costituite;
2. la legge delle circostanze esterne (ambientali), da cui le piante sono modificate.

La scienza botanica, da un lato ci fa conoscere la formazione molteplice delle piante e delle loro parti, dall'altro cerca le leggi di questa formazione.

Se tutti gli sforzi di ordinare in un sistema la grande massa delle piante meritano l'elogio più alto in quanto sono necessari per isolare le parti più costanti da quelle più o meno casuali e variabili, e mettere sempre più in luce la stretta affinità fra i diversi generi, sono tuttavia degni di plauso anche quelli che mirano a conoscere le leggi in base alle quali queste formazioni si producono, e, per quanto sembri che la natura umana sia incapace di comprendere con chiarezza sia l'infinita varietà dell'organizzazione, sia la legge secondo la quale essa agisce, è però bello impegnare tutte le forze e allargare gli orizzonti di questo ramo della scienza sotto il duplice punto di vista dell'esperienza e della riflessione.

Abbiamo visto che le piante si propagano in vario modo, e quali di questi modi siano da considerare come trasformazioni di un modo unico. La propagazione che avviene per sviluppo di un organo dall'altro ci ha essenzialmente occupati nella *Metamorfosi.* Abbiamo visto che questi organi, i quali si modificano da un'estrema eguaglianza fino alla massima diseguaglianza, presentano internamente una virtuale identità.

Abbiamo pure visto che questo modo di propagarsi nelle piante perfette non può continuare all'infinito, ma conduce per gradi al vertice massimo e, per così dire, genera al polo opposto della sua energia un altro modo di propagazione, quello mediante semi.

Definizione e delimitazione del campo in cui si lavora:

Fenomeno della struttura organica.

Fenomeno della struttura più semplice, che sembra una pura aggregazione di parti, ma spesso si può spiegare tanto con la teoria dell'evoluzione, quanto con quella dell'epigenesi.

Accrescimento graduale di questo fenomeno, e unificazione di questa struttura, nell'unità animale.

Forma.

Necessità di radunare tutti i modi di rappresentazione: non di spiegare le cose e la loro essenza, ma di rendere conto in qualche modo dei fenomeni e comunicare ad altri ciò che si è visto e conosciuto.

I corpi che noi chiamiamo organici hanno la proprietà di produrre, in sé o da sé, i loro simili.

Ciò rientra nel concetto di essere organico, e noi non possiamo dirne di più.

Il nuovo, il simile, è sempre innanzitutto una parte dello stesso, e in questo senso nasce da lui. Ciò favorisce l'idea dell'evoluzione. Ma il nuovo non può svilupparsi dal vecchio senza che questo, assimilando un certo nutrimento esterno, abbia raggiunto una specie qualunque di perfezione e compiutezza. Ciò favorisce il concetto di epigenesi. Ma entrambi i modi di rappresentarsi le cose appaiono rozzi e grossolani, in confronto alla delicata e imperscrutabile finezza dell'oggetto della ricerca.

In un essere vivente ci balzano all'occhio dapprima la sua forma complessiva, poi le parti di questa forma, la sua struttura e le sue connessioni.

Della forma in generale, e del rapporto e legame reciproco fra le parti, nei limiti in cui sono esteriormente visibili, si occupa la storia naturale; quando invece essi si manifestano all'occhio nella sola misura in cui la forma ne è divisa, chiamiamo questa fatica l'arte della scomposizione anatomica: essa considera non soltanto la forma delle parti ma anche la loro stuttura interna, e chiama naturalmente a soccorso il microscopio.

Non appena in tal modo il corpo organico è stato più o meno distrutto, cosicché la sua forma è svanita e le sue parti possono considerarsi come materia, interviene prima o poi la chimica, e ci fornisce nuove e belle conclusioni sulle parti ultime e sulla loro mescolanza.

Se poi, partendo da questi fenomeni singolarmente osservati, noi operiamo una palingenesi dell'essere distrutto, e riprendiamo a considerarlo vivo in stato di salute, a questo tentativo diamo il nome di fisiologia.

E poiché la fisiologia è quell'operazione dello spirito con cui, osservando e ragionando, tendiamo a ricomporre un tutto dal vivo e dal morto, dal noto e dall'ignoto, dal compiuto e dall'incompiuto, un tutto che sia visibile insieme ed invisibile, il cui aspetto esterno debba apparirci solo come un tutto, il cui interno solo come una parte, e le cui manifestazioni e operazioni rimanerci sempre misteriose, si vede subito perché la fisiologia sia così a lungo rimasta, e forse sia condannata in eterno a rimanere, in ritardo: l'uomo non cessa mai di sentire i propri limiti, ma di rado è disposto a riconoscerli.

L'anatomia ha raggiunto un tale grado di esattezza e precisione, che la sua conoscenza forma già di per sé una specie di fisiologia.

I corpi si muovono in quanto hanno lunghezza, larghezza e peso, in quanto subiscono spinte e pressioni e, in questo o quel modo, si riesce a spostarli. Perciò, uomini ai quali queste leggi di natura erano note e presenti, le hanno applicate non senza utilità ai corpi organici e ai loro movimenti. Così, la chimica ha osservato con esattezza la modificazione e la struttura delle parti più piccole, e la sua finezza estrema, la sua attività importante, le danno più che mai il diritto di pretendere di svelare le nature organiche.

Da tutto questo, anche a prescindere da considerazioni ulteriori, che qui tralascio, è facile vedere come si abbia ragione d'impegnare tutte le forze dell'anima, quando si aspira a una visione generale di simili misteri; e s'abbia motivo d'impiegare tutti gli strumenti interni ed esterni, e valersi di tutti i punti di vantaggio, quando ci si avventura in uno studio sempre infinito. Perfino una certa unilateralità non nuoce all'insieme; ciascuno batta la sua strada per il meglio, purché la liberi e spiani in modo che chi lo segue se la lasci indietro più in fretta.

Riepilogo delle diverse scienze:

a) Conoscenza delle nature organiche secondo il loro *habitus* e la diversità dei loro rapporti formali.

Storia naturale.

b) Conoscenza delle nature materiali in genere, come forze e nei loro rapporti spaziali.

Dottrina della natura [*fisica*].

c) Conoscenza delle nature organiche nelle loro parti interne ed esterne, a prescindere dal loro insieme organico.

Anatomia.

d) Conoscenza delle parti di un corpo organico in quanto ha cessato d'essere organico, o in quanto la sua organizzazione è vista solo come producente materia e composta di materia.

Chimica.

e) Studio dell'insieme in quanto vive, e a base di questa vita è posta una determinata forza fisica.

Zootomia.

f) Studio dell'insieme in quanto vive e agisce, e a base di questa vita è posta una forza spirituale.

Fisiologia.

g) Studio della forma sia nelle sue parti che nell'insieme, delle sue armonie e discordanze, a prescindere da ogni altra considerazione.

Morfologia.
h) Studio dell'insieme organico, tenendo presente tutte queste considerazioni, e ricostruendolo armonicamente con le facoltà dello spirito.

2. *Considerazioni sulla morfologia in generale.* La morfologia può essere considerata o come dottrina a sé, o come scienza ausiliaria della fisiologia, ma, presa nell'insieme, si fonda non meno sulla storia naturale, cui attinge i fenomeni che interessano ai suoi scopi, che sull'anatomia di tutti i corpi organici, in particolare sulla zootomia.

Proponendosi solo di rappresentare, non già di spiegare, essa accoglie il meno possibile dalle altre discipline ausiliarie della fisiologia, sebbene non perda di vista né i rapporti di forza e spazio studiati dalla fisica, né i rapporti di materia e combinazione studiati dalla chimica; divenuta dottrina specializzata solo a causa della sua limitazione, essa si considera pur sempre ancella della fisiologia, e coordinata con le altre discipline ausiliarie.

Poiché il nostro intento è di presentare la morfologia come una nuova scienza, non già quanto all'oggetto, che è noto, ma quanto al punto di vista e al metodo che da un lato deve dare a questa disciplina la sua forma specifica, dall'altro deve assegnarle il posto che le compete di fronte alle altre, cominceremo subito da quest'ultimo punto, e mostreremo i rapporti che la legano alle scienze affini, per poi illustrarne il contenuto e il metodo di esposizione.

La morfologia deve contenere la teoria della forma, formazione e trasformazione dei corpi organici; appartiene dunque alle scienze naturali di cui andiamo illustrando gli scopi.

La storia naturale assume come dato di fatto conosciuto la molteplicità di forma degli organismi. Non può tuttavia sfuggirle che dietro a questa grande varietà di forme si nasconde anche una certa analogia, sia in generale che in particolare; perciò, lungi dal limitarsi a presentare i corpi a lei noti, li ordina in gruppi o in serie, in base alle forme che si percepiscono e alle proprietà che si determinano e si studiano, e così permette di abbracciarne la massa enorme in una visione d'assieme. Duplice è il suo lavoro: da un lato, scoprire oggetti sempre nuovi; dall'altro, ordinarli secondo la loro natura e le loro proprietà e, nei limiti del possibile, eliminare ogni arbitrio.

Mentre la storia naturale si attiene all'aspetto esterno delle forme e le considera nell'insieme, l'anatomia si spinge fino allo studio della loro struttura interna, alla scomposizione del corpo umano come l'oggetto più degno di studio e bisognoso di aiuti che solo una visione esatta della sua organizzazione interna consente di fornirgli. Molto si è fatto nell'anatomia degli altri esseri organici; molto però rimane talmente frammentario (l'osservazione è per lo più incompleta e spesso talmente erronea) che per il naturalista la massa dei suoi dati è quasi inutilizzabile.

Per ampliare e sviluppare da un lato, per riassumere e utilizzare dall'altro, le esperienze fornite dalla storia naturale e dall'anatomia, si è ricorsi vuoi a scienze estranee, vuoi a scienze affini, e si sono pure avanzati punti di vista personali sempre per il bisogno di fornire un quadro fisiologico completo. In tal modo, anche se molto spesso si è proceduto e si procede, come accade a chiunque, con unilateralità, si è però preparato il terreno ai fisiologi dell'avvenire.

Dalla fisica in senso stretto, la teoria della natura organica ha potuto trarre solo i rapporti generali delle forze, della loro posizione e del loro stato nello spazio cosmico. L'applicazione di princìpi meccanici agli organismi ci ha resi ancor più attenti alla perfezione degli esseri viventi, e si potrebbe quasi affermare che tanto più questi ci sembrano perfetti, quanto meno tollerano l'applicazione ad essi dei princìpi e dei metodi della meccanica.

In questo campo molto si deve anche ai chimici, che, prescindendo da forme e strutture, badano unicamente alle proprietà delle sostanze e ai rapporti delle loro combinazioni; e anche più si dovrà loro in avvenire, in quanto le scoperte più recenti permettono le più delicate analisi e sintesi, e quindi lasciano sperare che ci si avvicini sempre più anche alle operazioni infinitamente complesse di un corpo organico dotato di vita. Come già, mediante l'osservazione esatta delle strutture, si è giunti a una fisiologia anatomica, così ci si può ripromettere col tempo una fisiologia fisico-chimica, e il nostro augurio è che le due scienze possano continuare a svolgersi come se ognuna volesse condurre a termine da sola tutto il lavoro.

Ma, poiché si tratta in entrambi i casi di scienze soltanto analitiche, e le combinazioni chimiche poggiano in realtà su scomposizioni, è naturale che questi modi di conoscere e rappresentare i corpi organici non soddisfino tutti gli studiosi, molti dei quali mostrano la tendenza a partir dall'unità, a svilupparne le parti, e a ricondurle poi direttamente all'unità. L'impulso migliore ci viene, in questo senso, dalla natura dei corpi organici; infatti, poiché i più perfetti ci appaiono come unità distinte da tutte le altre, poiché di tale unità noi stessi siamo consapevoli, poiché del più completo stato di salute possiamo aver coscienza solo in quanto sentiamo non le parti del nostro tutto, ma soltanto il tutto, poiché ciò è possibile solo in quanto gli esseri sono organizzati, e possono essere organizzati e mantenuti in attività unicamente dallo stato che chiamiamo vita, nulla era più naturale che cercar di stabilire una zootomia e indagare le leggi dalle quali una natura organica è determinata a vivere; a base di questa vita si pose giustamente una forza (come si poteva e anzi si doveva fare), perché la vita, nella sua unità, si esprime come forza non contenuta in nessuna delle parti singolarmente prese.

E, poiché non possiamo considerare a lungo come unità una natura organica e nemmeno pensare come unità noi stessi, ci troviamo nella necessità di ammettere due punti di vista, e ritenerci ora come esseri che cadono sotto i sensi esterni, ora come esseri che si possono conoscere solo mediante il senso interno, od osservare solo mediante le loro azioni.

Perciò la zootomia[41] si divide in due parti non facilmente separabili, la corporea e la spirituale. Esse non si possono disgiungere, è vero; ma lo studioso di questa particolare disciplina può partire o dall'una o dall'altra, e quindi dare il sopravvento ora a questa, ora a quella.

Tuttavia, non soltanto le scienze così enumerate assorbono interamente l'individuo, ma perfino singole parti di esse ne occupano tutta l'esistenza, e una difficoltà anche maggiore nasce dal fatto che tutte queste discipline sono praticate quasi esclusivamente da medici, ai quali la pratica giova bensì a sviluppare l'esperienza, ma impedisce di allargarla e approfondirla.

Tutto ciò dimostra quanto rimanga da compiere se si vuol preparare il terreno al fisiologo, che dovrà riassumere tutte queste osservazioni per poterle un giorno abbracciare nell'insieme e, nei limiti segnati alla mente umana, ottenerne una nozione conforme alla grandezza dell'oggetto. A tal fine si richiede una adeguata attività collettiva, attività che non è mancata, ma in cui ognuno procederebbe più sicuro e veloce se operasse bensì in un settore, ma in modo non unilaterale, e riconoscesse con gioia i meriti dei compagni di lavoro invece di mettere al disopra di tutto, come al solito, il proprio modo di vedere.

Indicate le diverse scienze che collaborano all'azione del fisiologo, e i loro rapporti reciproci, conviene che la morfologia si legittimi come scienza a sé.

Come tale è infatti considerata, ed essa deve legittimarsi come scienza speciale anzitutto prendendo ad oggetto ciò che le altre scienze trattano solo casualmente e di sfuggita, poi riunendo quanto in esse è disperso, e infine stabilendo un punto di vista nuovo, dal quale osservare in modo facile e sicuro le cose naturali. Essa ha il grande vantaggio di comporsi di elementi riconosciuti da tutti, di non essere in conflitto con nessuna disciplina, di non doverne cacciar via nessuna per assicurarsi un posto; ha il privilegio che i fenomeni di cui si occupa hanno una importanza suprema, e che le operazioni compiute dalla mente nel riordinarli sono conformi e gradite alla natura umana, cosicché anche un'esperienza fallita nel suo settore potrà sempre fornirci una certa utilità e soddisfazione.

LAVORI PRELIMINARI PER LA MORFOLOGIA *

1. Poiché la nostra immagine dei fenomeni della natura rimane sempre imperfetta, dobbiamo ricorrere a vari mezzi per ampliarla, per poterci esprimere in qualche modo quando abbiamo visto, osservato, scoperto qualche cosa. Ora, dato che ciascun uomo considera normalmente le cose solo da un unico lato, ne sono scaturite le ipotesi più disparate, che sono state più o meno utilizzabili per esprimere i segreti della natura, e rimaste tali per un tempo più o meno lungo.

Poiché è mia intenzione mettere in una luce più chiara alcuni aspetti e fenomeni della natura, non posso ovviamente limitarmi a trattare una ipotesi sola; mi sarà perciò permesso di servirmi di tutte, e delle più diverse possibilità di esposizione, a seconda che ciò che io penso si lasci esprimere meglio in un modo o nell'altro. Certo, questa può sembrare una strada pericolosa, sulla quale si deve temere di riuscire in parte poco chiari e in parte di mettersi contro tutti i sostenitori di altre ipotesi.

Però io parto dalla considerazione che coloro che osservano un oggetto secondo ipotesi diverse, spesso contrastanti, debbano essere uomini onesti e amanti della verità, ai quali preme soltanto la conoscenza della cosa, e ognuno dei quali è convinto che essa si lasci considerare dal proprio punto di vista nel modo migliore e più significativo.

Ne deduco che ambedue le ipotesi rappresentano modi di esposizione che in sostanza sono compatibili tra loro, anche se è poi ben più difficile riconoscere in entrambe la natura come mezzo, amministrare il proprio intelletto scegliendo ora un punto di vista ora un altro, anziché incaponirsi grettamente e ostinatamente su questo o su quel punto.

Così premetto subito che mi servirò del modo di esporre degli evoluzionisti così come degli epigenesisti, mi servirò della generazione predeterminata come di quella più libera, soltanto co-

* Manoscritto del 1788-89 contenente le prime ricerche di Goethe sulla morfologia delle piante. Pubblicato dalla WA, II, 6, con il titolo *Vorarbeiten zur Morphologie*. Presentiamo qui la prima parte (*Gedenkausgabe*, Bd. 17, pp. 133-147).

me parola e mezzo, a seconda che con ciò pensi di spiegarmi meglio.

Ciascuna delle cose note, che noi chiamiamo viventi nel senso più ampio, ha in sé la forza di generare il proprio simile. In altre parole, possiamo affermare: noi chiamiamo vivente ciò che di fronte ai nostri sensi esprime la forza di generare il proprio simile.

Quando questa forza la incontriamo separata, la chiamiamo "i due sessi".

Nei corpi, che chiamiamo piante, riscontriamo la duplice forza di generare i propri simili: una volta senza azione visibile dei sessi, un'altra mediante l'azione visibile.

Ciò che noi definiamo crescita delle piante, non è altro che la generazione dei propri simili senza azione dei due sessi. Questa generazione dei propri simili non implica alcuna separazione come avviene nel caso della fecondazione e del parto. Ma è pur sempre una generazione del proprio simile.

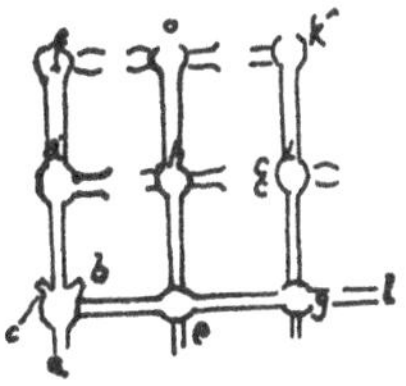

Quando un seme ha messo radici e i suoi cotiledoni hanno assolto la loro funzione prescritta, allora la pianta germoglia, vale a dire, essa si ripete, riproduce se stessa. Nel seme, l'intero sistema della pianta è perfetto, e ricomincia da capo. Dal nodo *c* si stacca un prolungamento che ben presto, spesse volte senza un intervallo percettibile, si chiude a sua volta in un altro nodo, sia verso *d* nell'aria, che verso *e* sotto terra o raso terra, e da lì avanti ancora verso *f* e *g* e così all'infinito, quando la pianta supera la rivoluzione annua. I nodi *e g* mettono nuove radici e spingono altri prolungamenti verso *h i*.

Se si separa lo spazio di un prolungamento sotto terra, ad esempio *e g*, la radice *g* perdura e il nodo *i* si prolunga in *k*; il nodo *g* si prolunga in *l*.

Se separiamo lo spazio *g i* e mettiamo *i* sotto terra, ecco spuntare radici dal nodo *i*; sotto terra si sviluppano altri prolungamenti; il nodo *k* prosegue verso l'alto.

Non mi si vorrà obiettare che non tutte le piante hanno questa proprietà. Noi consideriamo le piante nella loro più importante diffusione e sviluppo, conosciuto attraverso gli esempi noti.

Quanto esse vengano variamente modificate e limitate, lo si vedrà poi. I nodi *d, h, i,* che abbiamo visto sinora spingersi in alto verso *f, o, k,* non sono rimasti inattivi neppure ai lati; si sono prolungati verso *n, o, p, q, r, s,* formandovi ovunque nuovi nodi, e così ciascuno continuerà all'infinito, se resiste per più rivoluzioni annue, se si fa legnoso e perenne, e l'ultimo prolungamento, rimesso nella terra, metterà nuove radici dal proprio nodo e tornerà a riprodursi all'infinito. Su questa reiterazione, su questa riproduzione di se stessi all'infinito senza intervento visibile dei due sessi, si basa tutta la vegetazione. Non mi si obietti che ciò si può definire solo impropriamente riproduzione dei propri simili per il fatto che le parti sono più o meno dissimili tra loro.

Per il momento devo augurarmi di essere seguito con attenzione, e solo alla fine, quando guarderemo indietro alla via percorsa, si vedrà se avremo seguito quella giusta. Lo ripeto ancora: da nodo a nodo l'intero ciclo della pianta è sostanzialmente finito; le occorre soltanto, come nel seme, una radichetta, o un nodo radicale, un nodo di cotiledone, una serie di nodi, per essere di nuovo una pianta completa, in grado di sopravvivere e di riprodursi secondo la propria natura. Dirò di più: tutte le altre mutazioni della pianta sono pseudo-modifiche (e tutte si spiegano sostanzialmente con quanto abbiamo detto finora) della teoria dello sviluppo dei nodi e della generazione del proprio simile senza intervento visibile dei due sessi. Anzi, i due sessi ci saranno comprensibili solo alla fine grazie a questa prima e semplicissima forma di generazione.

Ciascun nodo ha un qualcosa che l'accompagna; sotto terra, questo gli si attacca e lo copre come un tegumento, sopra terra, esso se ne allontana di poco o di molto. È la foglia.

Importanza di questo corpo caduco e tuttavia intimamente legato alla pianta.

(Qui si deve ora dissertare su uno dei punti più importanti, il concrescere delle foglie secondo l'inerente legge di natura, secondo un determinato numero, per il quale si sviluppano calici e corolle. C'è inoltre da mettere in luce la teoria dell'espansione e della contrazione.)

Nella progressiva mutazione delle parti della pianta agisce una forza che io solo impropriamente posso chiamare espansione e contrazione.

Meglio sarebbe assegnarle una *x* o una *y* secondo il metodo algebrico, poiché le parole espansione e contrazione non esprimono questa azione in tutta la sua ampiezza. Essa si contrae, si espande, si sviluppa, si forma e trasforma, collega, separa, colora, decolora, diffonde, prolunga, ammorbidisce, indurisce, comunica, sottrae, e solo quando vedremo riunite in un insieme tutte le sue svariate attività, allora potremo conoscere in modo più evidente ciò che io ho inteso spiegare ed esporre con tutte queste parole. Essa compie tutto ciò così, passo passo, così delicatamente, così impercettibilmente, che alla fine trasforma sotto i nostri occhi un corpo in un altro senza che ce ne accorgiamo.

Senza di essa, l'uomo può riconoscere solo ciò che è separato, appunto perché è separato. Per riconoscere, egli deve separare ciò che non doveva essere separato; e qui non c'è altro mezzo che riunire di nuovo in un insieme ciò che la natura ha presentato alla nostra conoscenza separatamente, se poniamo attenzione a come una forma si tramuti lentamente in un'altra e da ultimo venga totalmente assorbita dalla successiva.

Ciò è già stato osservato spesso e a lungo. Da parte nostra, si tratta soltanto di estendere al generale ciò che abbiamo notato agevolmente nel particolare, il che sfugge spesse volte alla nostra attenzione.

Prima legge. Ogni nodo di pianta ha in sé la forza di svilupparsi e di ripetersi e di produrre un altro nodo di pianta.

Seconda legge. Una serie di tali nodi di piante non può svilupparsi e riprodursi in successione senza che essa si trasformi e si modifichi gradualmente.

NB. Tale mutazione è soprattutto visibile nella foglia che accompagna ciascun nodo.

Questo cambiamento e modificazione delle foglie e dello stesso nodo si basa sul fatto che il corpo, ad esempio le foglie, consta di molteplici vasi i quali, dopo essere stati destinati ad altro, vengono riempiti di succhi diversi, e producono forme totalmente diverse.

Aggiungerò ancora una parola alle molte altre da me usate più sopra, e cioè:

Lo sviluppo di una parte è causa della scomparsa di un'altra.

Alla base di questa legge sta un'esigenza alla quale ogni essere è legato: esso non può uscire dalla propria dimensione. Una parte non può cioè aumentare senza che l'altra diminuisca, una parte non può giungere totalmente a dominare senza che l'altra scompaia totalmente.

Nelle piante ciò si manifesta nel modo più bello e più singolare.

Poiché una pianta non è un'unità, ma un essere composto da più unità, riscontriamo che le diverse unità, in quanto succedono le une alle altre, modificano aspetto e destinazione, perché parti delle medesime vengono modificate in modo prevalente. Ma, come detto più sopra, non è soltanto l'espansione e la contrazione a provocare ciò, ma quella forza *x*.

Terza legge. Ogni singola pianta è talmente delimitata e determinata nella sua natura che, quando i suoi nodi hanno percorso i vari stadi che essi erano in grado di percorrere, e si è giunti infine alla formazione del calice, le varie parti, che altrimenti si sarebbero sviluppate a poco a poco, si sviluppano tutt'a un tratto riunite, e precisamente in una certa forma e in un certo numero.

Da questa azione della natura nasce il calice. Per riconoscere ciò in modo evidente, è necessaria una certa attenzione; però alla fine può essere dimostrato in modo inconfutabile.

Qui occorre prendere in considerazione diversi fiori nei quali il fenomeno sia particolarmente visibile, al fine di portare questa cosa al più alto grado di probabilità; si prenda ad esempio il calice della rosa prolifera nel quale i cinque sepali, separati e sviluppati, sono visibilissimi.

Se osserviamo esattamente il modo con cui la natura produce il calice, vedremo che essa lo fa spesso consistere di foglie del tutto separate, cosicché ci riesce più comprensibile il fatto che quattro foglie, le quali si sarebbero altrimenti sviluppate una sopra l'altra, ciascuna sul proprio nodo con i rispettivi internodi, ora si sviluppano una accanto all'altra, a cerchio, accostandosi a vicenda.

Questa constatazione diviene in certo qual modo più difficile, qualora le suddette foglie, nel loro procedere, si riuniscano in modo tale che il calice diventi monofillo e talvolta appena dentellato in alto. E ciò ci porta a un'altra proprietà della natura, che tuttavia conosciamo già da altre manifestazioni.

È chiaro che la radice attira a sé soprattutto umori acquosi quando questi sono contemporaneamente mescolati ad altre parti. Le parti delle piante che si trovano più vicine alla radice sono sviluppate in larghezza e spessore, dal che si desume che i vasi che assorbono di preferenza l'umidità sono proprio disposti in larghezza. Suppongo che le foglie attingano l'umidità dal tronco e, come la radice dalla terra, succhino dai vasi intermedi. Questo umore viene modificato nelle foglie dalla luce e dall'aria, e in parte evapora e in parte ritorna forse nello stelo, che si fa tanto più flessibile quanto più si allontana dalla terra. È come se una certa massa d'acqua, d'olio, d'aria e di luce debba essere portata nella pianta e filtrata da nodo a nodo, sino a trovarsi infine destinata tutt'a un tratto a completare l'opera creativa, alla quale procederà inarrestabile da questo momento in poi. Occorreva premettere questi concetti, comuni e in buona parte inoppugnabili, per procedere ad altre affermazioni che potrebbero non essere accettate tanto facilmente. La via maestra delle nostre considerazioni dovrà essere l'osservazione delle foglie, che su una medesima pianta si trasformano a poco a poco a partire dalla radice fin su, verso il calice. Non sarà difficile mostrare come le foglie del cosiddetto stelo dopo diverse modificazioni si riuniscano nel calice, come un certo numero riunito allo stesso modo formi la corolla e alla fine produca di nuovo gli stami. Ce lo mostrano varie piante nel loro stato naturale, altre meglio ancora quando vengano allontanate dal loro ambiente naturale; ciò d'altronde è una verità ben nota, che non sfugge ad alcun botanico, e io vorrei solo aggiungere che, per quanto ne so, da questo notissimo fenomeno non si è ancora giunti a tirare delle conclusioni sufficienti.

Risaliti da questo punto sino allo sviluppo degli stami, non ci rimane infine che tentare di vedere se riusciamo a comprendere lo sviluppo delle parti femminili contemporaneamente all'ovario, con il che saremmo giunti all'estremità del grande cerchio che la pianta può percorrere.

II. Se prendo l'esempio di un gambo, nessuno vorrà negare che qui molte parti provengono le une dalle altre, stanno le une sopra le altre, derivano le une dalle altre, si sviluppano o si producono l'una dall'altra.

Qui intendo usare le parole espansione e contrazione, per così dire provvisoriamente e in generale, senza tener conto che so e ho già chiarito che esse da sole non sono sufficienti.

Vicino alla terra, per alcune sotto la terra, le parti sono più concentrate, più larghe, più acquose, più polpose. Sembra che i vasi che contengono l'acqua siano disposti nel senso della larghezza, quelli che contengono olii e alcoli nel senso della lunghezza. A poco a poco gli internodi si fanno più lunghi e più stretti. Tutt'a un tratto l'intervallo si decide, si fa smisuratamente lungo e si contrae di colpo nella corolla. Ne segue lo sviluppo in petali, poi la contrazione in organo maschile e alla fine lo sviluppo in quello femminile.

Qui affermo ancora una volta chiaramente che io presento questo modo di osservare le piante in modo condizionato, e, ammetto, anche in modo incompleto; tuttavia esso ci servirà in seguito a raggiungere qualche risultato.

NB. Quanto più grande la contrazione, tanto più forte lo sviluppo, per cui le piante tuberose e bulbose presentano i più lunghi internodi (il più lungo gambo).

NB. Non devo usare la parola stelo, perché confonderebbe tutti i concetti che voglio esporre.

NB. Esistono piante in cui questa semplice contrazione e sviluppo del calice e della corolla non è sufficiente per modificare i vasi in stami; si formano così corolle intermedie, che conferiscono al fiore un aspetto quasi completo, come per esempio nei narcisi e nell'*oleander nerium*. (Qui va spiegata la teoria dei nettàri.) Ma in nessun altro caso esse si presentano in modo più meraviglioso che nella *passiflora*, la cui forma originale si commenta da sola con questa triplice corolla, cui solo dopo seguono gli stami.

III. I cotiledoni inferiori sono:
o uniti, senza che se ne possa
distinguere una parte oppure separati.
Questi a loro volta sono:
o perfettamente interi oppure del tutto separati.

Il passaggio da quelli uniti a quelli separati è semplice. I cotiledoni inferiori vengono gonfiati dall'umidità della terra, passano il primo alimento all'embrione di pianta celato tra loro, di modo che può svilupparsi la radichetta che a sua volta continua a cercare nella terra.

Prima di proseguire, possiamo considerare per il momento la nota suddivisione dell'embrione della pianta, cioè cuoricino (*corcolum*), beccuccio (*rostellum*) e piumetta (*plumula*), anche se tale suddivisione ci sarà in seguito di poca utilità.

Nelle piante che hanno cotiledoni inferiori, questi sono talmente uniti col cuoricino e col beccuccio, che i vasi, che da loro portano i succhi alla pianta, s'inseriscono tra i due nella delicata pellicola della pianticina, e per mezzo di questa pellicola vengono uniti sia alla radice che al cuoricino, e poiché la piumetta o pennacchietto è così in stretta relazione a quest'ultimo, viene anche ad esso connessa.

I vasi, che collegano i cotiledoni inferiori alla pianta, sono, per quanto è stato dato di osservare sinora, o semplici, come nella maggior parte dei cotiledoni interi non separati, oppure doppi, come nei separati; c'è però un caso in cui da un cotiledone appunto non separato passano nella pianta due vasi. Ciò è stato osservato nel nasturzio, e probabilmente ci saranno parecchi casi del genere, che non sfuggiranno all'osservatore.

Il cotiledone inferiore, se è semplice, rimane normalmente sotto terra; la sua funzione è soltanto, come detto sopra, di passare alla pianta il primo alimento mediante il latte prodotto nei suoi vasi.

Le sue parti componenti, farinose e mandorlate, in unione con l'acqua, che nei loro vasi produce un alcole volatile, danno luogo al suddetto latte. Perciò questi cotiledoni inferiori rimangono per lo più nella terra e compiono lì la loro funzione. Per loro natura e forma sono inadatti ad appropriarsi di luce e di aria e a conferire alla pianta, con esse, nuovo alimento e determinatezza.

Decrescono appena raggiungono l'aria libera, invece di dar luogo a formazione e sviluppo di altre foglie; appassiscono e si staccano, mostrando con ciò che il loro compito è esaurito, e che non portano in sé nessuno degli organi destinati al regno epigeo della luce e dell'aria.

Solo in alcune piante, che hanno dicotiledoni e che per questo diventano già simili a foglie, essi vengono portati in alto e assumono un colore verde come il gambo che sporge da terra. In seguito se ne parlerà più ampiamente.

Queste piante motivano la novità di quanto sto esponendo, perché sono state causa di una comparazione che, se le mie osservazioni sono fondate, dev'essere ritenuta inesatta.

Cotiledoni superiori. Secondo le mie osservazioni, questi hanno già l'aspetto di foglia, o meglio sono già vere e proprie foglie, che per lo più sono simili a quelle che verranno dopo.

Non possono stare a lungo nascosti sotto terra, anzi devono sollevarsi al di fuori di essa il più rapidamente possibile. In certe piante, essi sono la parte che, secondo la suddivisione riferita sopra, viene chiamata piumetta o *plumula*.

Sono:

o monofilli
o difilli
o polifilli.

Secondo le mie osservazioni fatte finora, esistono piante

1. che hanno contemporaneamente cotiledoni superiori e inferiori
2. che hanno soltanto cotiledoni superiori
3. ancora che hanno soltanto cotiledoni inferiori.

Per rendere più chiaro il concetto di cotiledoni superiori e inferiori, si dovrebbe lasciare a quelli inferiori il loro nome attuale, e chiamarli appunto cotiledoni inferiori, nuclei inferiori. Quelli superiori si potrebbero chiamare anche foglie seminali (*folia seminalia*), foglie radicali (*folia radicalia*), nuclei superiori, nomi che vengono loro attribuiti in parecchie piante, come vedremo in seguito, a seconda delle loro diverse proprietà e posizioni.

Nessuno si meraviglierà se affermo che in alcune piante sono assenti i cotiledoni inferiori, in altre quelli superiori, ove si tenga presente che in parecchie piante mancano parti principali o essenziali, o meglio sembrano mancare, o si sottraggono al nostro occhio, oppure sono presenti in forme talmente devianti, che ben difficilmente siamo in grado di riconoscerle, ma anche riconoscendole, osiamo a stento considerarle tali. La relazione più perfetta e le transizioni più sorprendenti di una parte in un'altra ci si mostrano all'evidenza in tutto il regno vegetale.

Qui devo rinnovare il mio invito a non volersi scandalizzare per la mia terminologia inconsueta, ma piuttosto a voler soprattutto considerare spassionatamente l'intero.

Il granoturco. Secondo la mia suddivisione, questo ha un cotiledone inferiore indiviso, da cui trae origine la radice che cerca la propria strada verso il basso; un altro germoglio si dirige in alto e contiene in una guaina monofilla la futura pianta.

Questa guaina monofilla voglio chiamarla qui foglia seminale, affinché non debba destare sorpresa se io sostengo che essa occupa il posto del cotiledone superiore.

Però chi si ricordi di quanto ho detto in precedenza circa le proprietà e le attività del cotiledone superiore, non rimarrà sorpreso da quanto affermo ora. Questa guaina monofilla, che per forma si avvicina in certo qual modo alle foglie successive, esce dalla terra, si colora di verde e porta innanzitutto luce e aria alla pianta. Questa guaina, è vero, è unita strettamente dall'alto in basso con il cotiledone, ma contemporaneamente si lega a un nodo per mezzo della sua diploe. Questo nodo dobbiamo osservarlo meglio. Poiché non c'è nulla di più auspicabile che, proseguendo nelle osservazioni, le terminologie di una volta vengano conservate il più possibile, o a seconda delle circostanze rettificate o usate diversamente, oppure eliminate quando ormai siano assolutamente inadatte; così anche ora ritorno alla terminologia usata sopra.

Qui si vede chiaramente che la radice, la parte propriamente fibrosa che si dirige verso il basso, è affatto diversa dal nodo che si spinge in alto e che tuttavia ha anch'esso la capacità di mettere radici.

Qui si vede la radice sbucare subito dal cotiledone inferiore e cercare la profondità, ma l'altra parte della pianta spingersi invece verso l'alto, senza che ci si possa formare un'idea chiara dei vari punti della nuova vita vegetale appena formatasi.

Non è qui neppure il luogo di scendere in particolari sull'argomento, in quanto questo oggetto non consente di vedere distintamente i punti suddetti.

PRECISAZIONI E RACCOLTE *

La teoria della metamorfosi non può essere redatta assolutamente in un'opera autonoma e conchiusa, ma può essere esposta in modo appropriato solo come modello, come unità di misura alla quale devono attenersi le essenze organiche, e secondo la quale esse devono essere misurate, per questo motivo ciò che più mi interessava, ed era la cosa più naturale, era che io cercassi di formarmi nel particolare, per penetrare più profondamente nel regno vegetale, il concetto delle diversità delle forme e del loro svilupparsi. Ma poiché pensai anche di mettere per iscritto il lavoro che avevo iniziato e di realizzare nel particolare ciò che in generale avevo accennato, raccolsi esempi delle formazioni, trasformazioni e deformazioni di cui la natura è così generosa. Feci disegnare, dipingere, incidere nel rame alcune cose che mi sembrarono istruttive, e così preparai la continuazione del mio primo lavoro, avendo diligentemente aggiunto al tempo stesso considerevoli fenomeni ai diversi paragrafi del mio studio.

Grazie al proficuo rapporto con Batsch,[42] ritenevo sempre più importanti le relazioni che intercorrevano tra le famiglie di piante, così mi divenne molto utile l'edizione Usteri dell'opera di Jussieu;[43] abbandonai gli acotiledoni, prendendoli in considerazione solo quando si avvicinano a una forma precisa. Perciò non poté rimanermi nascosto che la trattazione dei monocotiledoni offriva il più rapido punto di osservazione, facendo apertamente vedere, per la semplicità dei loro organi, i segreti della natura e indicando, in senso progressivo, le più sviluppate fanerogame, in senso regressivo, le segrete criptogame.

Nella vita agitata, spinto di qua e di là da eterogenee occupazioni, distrazioni e passioni, mi accontentai di elaborare da me stesso e di utilizzare per me ciò che era stato acquisito. Con piacere seguii il gioco capriccioso della natura senza esprimermi ulteriormente su ciò. I grandi studi di Humboldt, le grandi opere di intere nazioni diedero sufficiente materia per una silenziosa meditazione. Alla fine essa mi volle di nuovo formare per l'attività; ma quando pensai di avvicinare i miei sogni alla realtà, vennero perse le lastre di rame, voglia e coraggio non si presentarono per riprodurle nuovamente. Intanto questo tipo di idee aveva catturato giovani animi, essendosi sviluppate in modo più vivo e più ricco di conseguenze di quanto io avessi pensato;

* Pubblicato in *Zur Morphologie*, I, 2, 1820, con il titolo *Nacharbeiten und Sammlungen*.

e ora trovavo valida ogni scusa che venisse in aiuto alla mia indolenza.

Ma se io in questo momento, di nuovo dopo tanti anni, guardo ciò che mi resta di quella fatica, rifletto sulle piante e sulle sezioni di piante secche o conservate, sugli schizzi e sulle incisioni in rame, sulle note al margine del mio primo saggio, sugli appunti, sui riassunti da libri e recensioni, e inoltre su molti scritti stampati che ho davanti a me,[44] si può ben vedere che la meta che avevo davanti agli occhi doveva restare nella mia situazione irraggiungibile per il mio modo di pensare e agire. L'impresa consisteva nientemeno che nel rappresentare ora quello che avevo stabilito in generale, che avevo consegnato con parole al concetto, affidato con parole all'intuizione interiore, dovevo rappresentare dunque tutto ciò separatamente, in modo figurato, secondo un ordine e una gradualità, allo sguardo, e mostrare anche al senso esteriore che dal seme di quest'idea si può sviluppare facilmente e lietamente un albero della botanica che ombreggi il mondo.

Ma che un simile lavoro non mi volesse riuscire, non mi rattrista in questo momento in alcun modo, perché da quel tempo la scienza ha avuto un elevato sviluppo, ed è evidente che i mezzi per svilupparla in modo sempre più ricco e più preciso stanno nelle mani di uomini capaci. Disegnatori, pittori, incisori! Quanto sono colti e istruiti per essere apprezzati persino come botanici! Colui che vuole imitare, che vuole ricreare, deve comprendere la cosa, vederla profondamente, altrimenti nel quadro arriva solo una parvenza e non il prodotto della natura. Queste persone sono tuttavia necessarie quando pennello, bulino, scalpello devono render conto di delicati passaggi, di come la forma si cambia in forma; essi devono innanzitutto, in modo egregio, osservare con gli occhi della mente ciò che è atteso, ciò che necessariamente succede nell'organo predisposto, osservare la regola in ciò che è differente.

Qui vedo molto vicina la speranza che, se un uomo avveduto, energico, intraprendente si collocasse nel punto centrale e con sicurezza riordinasse, determinasse, desse forma a tutto ciò che potrebbe essere di vantaggio al suo scopo, vedo che una tale opera che in tempi precedenti appariva impossibile, dovrebbe realizzarsi soddisfacentemente.

Certamente riguardo a ciò ci si dovrebbe muovere (per non nuocere, come è stato finora, alla giusta causa (dalla vera e propria metamorfosi, sana, pura-fisiologicamente, e poi esporre innanzitutto il patologico, l'insicuro procedere e indietreggiare della natura, l'effettiva deformazione delle piante e così porre fine a quell'ostacolante procedimento, secondo il quale si parlava di metamorfosi solo quando si trattava di forme irregolari e di deformazioni. In quest'ultimo caso tuttavia il libro del nostro ottimo Jäger[45] sarà apprezzato come un lavoro preparatorio e una collaborazione che aiuta a progredire; infatti questo fidato, diligente osservatore avrebbe potuto prevenire tutti i nostri desideri e redigere l'opera a cui alludiamo, se avesse voluto osservare allo stesso modo lo stato sano della pianta come quello malato.

Possono essere qui esposte alcune considerazioni che avevo messo per iscritto quando feci per la prima volta conoscenza con l'opera citata che avrebbe poi stimolato eccezionalmente lo studio.

Nella sua integrità, il "normale" nel regno delle piante è, a ragione, una cosa sana, una purezza fisiologica; ma l'"abnorme" non è immediatamente considerabile analogo a "malato" o a "patologico". In questo senso si potrebbe eventualmente annoverare il "mostruoso". In molti casi non è perciò giusto parlare di "errori": così come anche accenna la parola "imperfezione", qui manca qualcosa, infatti ci può essere un eccesso, oppure uno sviluppo senza equilibrio o contro lo stesso equilibrio. Così anche parole come sviluppo sbagliato, deformazione, storpiatura, deperimento dovrebbero essere usate con prudenza, perché in questo regno la natura, pur operando con la più alta libertà, non può tuttavia allontanarsi dalle sue leggi fondamentali.

Se la natura fornisce la regola alle innumerevoli particolarità, allora dà forma in modo normale, determina e condiziona; i fenomeni diventano invece abnormi, quando le particolarità divengono soverchianti e si distinguono in un modo arbitrario e apparentemente casuale. Ma poiché entrambi, il normale e l'abnorme, sono parenti stretti, e sia ciò che è regolato sia ciò che è senza regola è animato da *uno stesso* spirito, sorge perciò una oscillazione tra il normale e l'abnorme perché cambia sempre la formazione e la trasformazione, cosicché l'abnorme sembra divenire normale e il normale abnorme.

La forma di una parte della pianta può essere superata o può estinguersi senza che noi si possa chiamare ciò deformazione. Non diciamo che la centofoglie è deformata anche se possiamo dire che è abnorme; deformata è invece la rosa prolifera perché è superata la bella forma della rosa e la regolata limitatezza è abbandonata alla smisuratezza.

Tutti i fiori doppi li consideriamo abnormi ed è cosa proprio degna di nota che quegli stessi fiori aumentino di bellezza alla vista e di intensità e piacevolezza all'olfatto. La natura oltrepassa i confini che essa stessa si è posta, ma proprio per questo raggiunge un'altra completezza; perciò noi ben facciamo qui a servirci il meno possibile di espressioni negative. Gli antichi chiamavano τέρας, *prodigium, monstruum*, un segno prodigioso, ricco di significato, degno di ogni attenzione; e in questo senso Linneo aveva molto felicemente denominato la sua *peloria*.

Vorrei che ci si facesse strada correttamente verso la verità: in nessun caso si può pervenire a un'intuizione completa se non si considera sempre contemporaneamente operativo e oscillante l'uno verso l'altro il normale e l'abnorme.

NOTE

[1] Goethe si riferisce al saccheggio di Weimar ad opera dei francesi, dopo la battaglia di Jena, il 14 ottobre 1806.

[2] Cfr. più avanti: *Storia dei miei studi botanici*.

[3] Le ricerche di Goethe sulla dipendenza delle piante dalla luce sono esposte in una lettera a Schiller del 22 giugno 1796.

[4] Pubblicato dall'editore Ettinger di Gotha, con il titolo: *J. W. von Goethe Herzoglich Sachsen-Weimarischen Geheimraths versuch die Metamorphose der Pflanzen zu erklären*.

[5] Estate 1796.

[6] *Beobachtung der Insekten*, 1796.

[7] Goethe discuterà le tesi di questi scienziati nel suo saggio, *Principes de Philosophie Zoologique*, 1830. (Louis-Jean Marie Daubenton, 1716-99, collaboratore di Buffon e professore di storia naturale al Collège de France, Pieter Camper, 1722-89, professore di medicina a Groningen, Samuel Thomas Sömmering, 1775-1830, e Johann Heinrich Merck, 1741-91, fisiologo il primo e paleontologo il secondo.)

[8] Gli studi fisiognomici di Goethe risalgono al 1776.

[9] Justus Christian Loder (1753-1832), professore di anatomia e chirurgia a Jena dal 1778 al 1803, poi ad Halle, in Polonia e in Russia, fu il vero iniziatore di Goethe allo studio dell'anatomia, e il primo a riconoscere la sua scoperta dell'osso intermascellare.

[10] Goethe espone questa tesi in *Dem Menschen wie den Tieren ist ein Zwischenknochen der obern Kinnlade zuzuschreiben* (1786).

[11] Propriamente Skehl (Johann Ludwig Gottlieb), impiegato dell'amministrazione forestale del granducato di Weimar.

[12] Otto von Wedel (1752-94), sovrintendente forestale a Weimar.

[13] Wilhelm H. S. Buchholz (1734-98), medico e farmacista.

[14] Johann Friedrich August Göttling (1755-1809), dal 1789 professore di chimica a Jena.

[15] Johannes Gessner (1709-90), professore di matematica e fisica a Zurigo, autore di *Dissertationes physicae in quibus Linnaei Elementa botanica dilucide explicantur* (1747). I *Fundamenta botanica* di Linneo erano apparsi nel 1747.

[16] Pubblicata nel 1751.

[17] Hieronymus Prätorius (1595-1651), professore di etica, politica e, dal 1631 al 1633, di fisica all'università di Jena; Paul Marquard Schlegel (1605-53), professore di anatomia, chirurgia e botanica a Jena, fondatore del locale Orto botanico; Werner Rolfinck (1599-1673), professore di anatomia, chirurgia, botanica e poi anche di chimica a Jena, fondatore del laboratorio di chimica e del teatro anatomico dell'università; Heinrich Bernard Ruppe (1688-1719), botanico e medico.

[18] Friedrich Gottlieb Dietrich (1765-1850), nipote del botanico ed erborista Adam Dietrich (1711-82), divenne professore e ispettore dei giardini ad Eisenach dopo esserlo stato a Weimar.

[19] August Johann Georg Batsch (1761-1802), professore di medicina e botanica a Jena, direttore dal 1794 del locale Orto botanico.

[20] Christian Wilhelm Büttner (1716-1801), naturalista, filosofo, filologo, professore a Göttingen e quindi a Jena.

[21] Hedwig, nel III numero del « Leipziger Magazin » (*N.d.A.*) [Johann Hedwig, 1730-1799, *Leipziger Magazin zur Naturkunde*, 1781.]

[22] Gaertner, *De fructibus et seminibus plantarum*, cap. I. (*N.d.A.*). [2 voll., 1788 e 1789, del botanico Joseph Gaertner, 1732-91.]

[23] Ferber, nella premessa alla II dissertazione della sua *Prolepsis Plantarum* (*N.d.A.*). [Uppsala, 1763, di Johann Jacob Ferber, 1743-90].

[24] Batsch, *Anleitung zur Kenntnis und Geschichte der Pflanzen*, parte I, cap. 19 (*N.d.A.*).

[25] *Einfache Nachahmung der Natur, Manier, Stil*, 1788.

[26] *Das römische Karneval*, 1789.

[27] Cfr. la lettera a Göschen, 4 luglio 1791.

[28] *Die Mitschuldigen*, 1770.

[29] Jean Astruc (1684-1766), fondatore della moderna ricerca biblica.

[30] Ernst Florens Friedrich Chladni (1756-1827), gettò le basi dell'acustica con i suoi esperimenti sulle "figure del suono" che rendono visibili le vibrazioni sonore.

[31] Si ritiene che Goethe si riferisca a Johann Heinrich Wilhelm Tischbein (1751-1829).

[32] Scritta nel 1798 e inserita in questo capitolo nel 1817 col titolo: *Metamorphose der Pflanzen*. La traduzione è di Rinaldo Küfferle.

[33] Christiane Vulpius, dal 1788 amica e dal 1806 moglie di Goethe.

[34] Charles Bonnet (1720-93), *Contemplation de la Nature*, 1764.

[35] Carl Theodor von Dalberg (1744-1817), dignitario ecclesiastico e politico renano, cultore di scienze naturali.

[36] « Göttinger Anzeigen von gelehrten Schriften », 4 febbraio 1791.

[37] In Slesia nel 1790, nella Champagne nel 1792, a Magonza nel 1793.

[38] Lo scrivano Christian Georg Vogel.

[39] Friedrich August Wolf (1759-1824), professore di filosofia ad Halle.

[40] Johann Friedrich Meckel (1781-1833) professore di anatomia ad Halle, scrisse *Systeme der vergleichenden Anatomie* (1821-1831) e tradusse di Wolf, *De formatione intestinorum* (1768).

[41] Termine che corrisponde all'attuale fisiologia.

[42] Su Batsch, cfr. *Storia dei miei studi botanici.*

[43] Antoine Laurent de Jussieu (1748-1836), professore di botanica a Parigi; le sue opere, delle quali fa menzione Goethe, furono pubblicate da Paulus Usteri (1768-1831, direttore del giardino botanico di Zurigo) a Zurigo nel 1791.

[44] Tutto questo materiale di lavoro è raccolto oggi nel Goethe-National-Museum e nel Goethe-Schiller-Archiv a Weimar.

[45] Georg Friedrich Jäger (1785-1867), professore al ginnasio di Stoccarda; l'opera a cui fa riferimento Goethe è: *Über die Mißbildung der Gewächse*, 1814.

Parte seconda: *Teoria generale della natura*

STUDIO DA SPINOZA *

Il concetto di Esserci e di perfezione è un unico e uno stesso concetto; se seguiamo questo concetto tanto quanto ci è possibile, diciamo che pensiamo l'infinito.

L'infinito però, o l'esistenza perfetta, non può essere pensato da noi.

Possiamo solo pensare cose che o sono limitate, o vengono limitate dalla nostra psiche. Abbiamo dunque un concetto di infinito in quanto possiamo pensare che c'è un'esistenza perfetta al di là della capacità di apprensione di uno spirito limitato.

Non si può dire che l'infinito abbia delle parti.

Tutte le esistenze limitate sono nell'infinito, e pure non essendo parti dell'infinito, partecipano piuttosto dell'infinità.

Non possiamo pensare che qualcosa di limitato esista a causa della sua stessa limitazione, e tuttavia tutto realmente esiste a causa di se stesso, sebbene gli stati siano così concatenati che l'uno deve svilupparsi dall'altro e sembri perciò che una cosa venga prodotta dall'altra, questo tuttavia non accade; piuttosto un essere vivente dà all'altro l'occasione di essere e lo obbliga a esistere in un determinato stato.

Ogni cosa esistente ha dunque il suo Esserci in sé, e anche quella corrispondenza per la quale essa esiste.

La misurazione di una cosa è un'azione grossolana, solo in un modo estremamente imperfetto si può usare per gli esseri viventi.

Nulla è in grado di misurare una cosa esistente e vivente che sia al di fuori di essa, ma, se ciò dovesse accadere, essa stessa

* Originale senza titolo. Scritto tra il 1784 e il 1785, pubblicato per la prima volta da B. Suphan, *Goethe und Spinoza*, « Festschr. z. 2. Säkularfeier d. Friedrich-Wederschen Gymnasium », Berlin 1881. Il titolo attuale, *Studie nach Spinoza*, è dato dalla WA, II, 11.

deve dare l'unità di misura, la quale, tuttavia, è altamente spirituale e non può essere trovata dai sensi; per il cerchio a esempio, non si può adoperare la lunghezza del diametro per misurare la circonferenza. Si è voluto così misurare meccanicamente l'uomo: i pittori hanno preso come unità di misura la testa, perché è considerata la parte più nobile; ma non si può utilizzare neppure questa unità di misura senza causare piccolissime e inesprimibili violazioni alle altre membra.

Ciò che chiamiamo parti di un essere vivente, è talmente inseparabile dal tutto che le stesse parti possono essere comprese soltanto nel e con il tutto; e né le parti possono essere adoperate come misura del tutto, né il tutto come misura delle parti. Perciò, come è stato detto precedentemente, sosteniamo che un essere vivente limitato è partecipe dell'infinito, o meglio, ha qualcosa in sé di infinito, qualora non si voglia sostenere che non si possa interamente comprendere il concetto di esistenza e perfezione dell'essere vivente, anche di quello più limitato, e che quindi si debba ritenerlo infinito come l'immenso tutto in cui tutte le esistenze sono comprese.

Percepiamo una quantità immensa di cose; i loro rapporti reciproci che la nostra anima è in grado di apprezzare, sono numerosissimi. Anime che hanno una forza interiore capace di espandersi, iniziano a dare un ordine per potersi rendere più facile la conoscenza, iniziano a unificare e a predisporre per poter giungere al piacere.

Noi dobbiamo perciò limitare nella nostra anima ogni esistenza e perfezione cosicché queste siano adeguate alla nostra natura e al nostro modo di pensare e sentire. Solo allora diciamo di comprendere e di godere di una cosa.

Diciamo che un'espressione è *sublime*, che è la più nobile che possa toccare all'anima umana, quando essa percepisce un rapporto quasi nel suo nocciolo interno, la cui armonia, se fosse interamente sviluppata, non si potrebbe percepire e comprendere tutta in una volta con lo sguardo.

Diciamo che un'espressione è *grande* quando scorgiamo un rapporto che nel suo intero dispiegarsi può essere compreso con lo sguardo ed afferrato dalla nostra anima, pur nei limiti propri dell'anima stessa.

Abbiamo detto sopra che tutte le cose esistenti e viventi hanno in se stesse i loro rapporti; l'impressione che le cose fanno su di noi, sia prese singolarmente sia in relazione con le altre, quando risulta soltanto dal loro completo Esserci la chiamiamo *vera*. Se questo Esserci è limitato parzialmente al punto che possiamo facilmente comprenderlo ed è in un rapporto con la nostra natura tale che con piacere lo apprendiamo, chiamiamo allora questo oggetto *bello*.

Ciò accade anche quando gli uomini sono riusciti a darsi, attraverso l'insieme delle cose, e secondo le loro capacità, una totalità ricca o povera che sia, e poi hanno deciso di chiudere il discorso. Essi riterranno che tanto ciò che si può pensare nel modo più comodo, quanto ciò che può dar loro piacere, sia la cosa più sicura e certa; si potrà anzi osservare che gli uomini che non si consolano così facilmente e aspirano a conoscere e a cercare il maggior numero di questioni umane e di problemi divini, saranno guardati da quegli altri uomini con compiaciuta compassione, e a ogni occasione sottolineeranno con arroganza che essi hanno trovato sicurezza nella verità che è superiore ad ogni prova e comprensione. Costoro non riescono mai abbastanza a gloriarsi della loro invidiabile gioia e quiete interiore, e indicano a chiunque questa beatitudine come l'ultima mèta. Ma non sono capaci né di scoprire chiaramente quale via li abbia portati a questa convinzione, né di spiegare quale sia il vero e proprio fondamento di questa convinzione: parlano semplicemente di certezza, e ha ben poca soddisfazione chi desidera imparare qualcosa, perché si sentirà continuamente ripetere che i sentimenti devono diventare sempre più semplici e tendere soltanto verso un punto, devono liberarsi da tutti i rapporti che non sono semplici e che perciò confondono: solo allora si potrà essere nella condizione propria della felicità che è un regalo che ci possiamo dare grazie alla nostra volontà, ed è un dono divino.

Ora noi non vorremmo, secondo il nostro modo di pensare, chiamare questa limitazione un dono, perché una carenza non può essere ritenuta un dono, ma essendo l'uomo in grado al massimo di pervenire soltanto a concetti imperfetti, vorremmo considerare una grazia della natura il fatto che essa dia all'uomo, pur nella sua limitatezza, tale felicità.

L'ESPERIMENTO COME MEDIATORE FRA OGGETTO E SOGGETTO *

Appena nota gli oggetti che gli stanno attorno, l'uomo li osserva in riferimento a sé; e con ragione, poiché tutto il suo destino dipende dal fatto che gli piacciano o gli dispiacciano, lo

* Titolo originale: *Der Versuch als Vermittler von Objekt und Subjekt*. Data del manoscritto: 28 aprile 1792. Inviato a Schiller il 18 luglio 1789; pubblicato per la prima volta in *Zur Morphologie*, II, 1, 1823.

attirino o lo respingano, gli siano utili o nocivi. Questo modo tutto naturale di vedere e giudicare sembra tanto facile quanto è necessario; e tuttavia espone l'uomo a mille errori che lo umiliano, e spesso gli amareggiano la vita.

Ben più grave è il compito di chi, mosso da un'ardente brama di conoscere, cerca di osservare gli oggetti della natura in sé e nei loro reciproci rapporti; giacché il metro che poteva servirgli quando, come uomo, osservava le cose in relazione a se stesso, ora gli vien meno; deve abbandonare il metro del piacere e dispiacere, dell'attrazione e repulsione, dell'utile e del danno, e cercare e studiare, come essere indifferente e divino, ciò che è, non ciò che piace. Così, il vero botanico non deve lasciarsi sviare dalla bellezza e utilità delle piante, ma studiarne la natura e i rapporti con altre forme vegetali; e, come tutte le piante sono fatte sbocciare e sono illuminate dal sole, così egli deve vederle e osservarle con lo stesso sguardo sereno, e trarre non da sé, ma dalla sfera delle cose che osserva, la misura di tale conoscenza e i dati del giudizio.

Se esaminiamo un oggetto in sé e in rapporto ad altri, rinunciando ad averne piacere o ripugnanza e dedicandogli una tranquilla attenzione, non tarderemo a farci un'idea abbastanza chiara di esso, delle sue parti, dei suoi rapporti. Quanto più allarghiamo il campo della ricerca, quanti più oggetti colleghiamo gli uni agli altri, tanto più il dono dell'osservazione che è in noi si affina.

Se siamo in grado, nell'azione, di riferire queste cognizioni a noi stessi, meriteremo d'essere chiamati saggi. Per un uomo ben conformato, che sia sobrio per natura o reso tale dalle circostanze, la saggezza, in verità, non costituisce un problema, giacché è la vita stessa a indicargli la diritta via. Solo allorché l'osservatore deve applicare quest'acuta facoltà di giudizio all'esame di rapporti naturali nascosti; quando, in un mondo nel quale è solo, deve badare a dove mette il piede, guardarsi da passi affrettati, tener sempre gli occhi fissi alla mèta, senza però trascurare nessun fatto utile o dannoso lungo il cammino; quando, anche là dove è difficile che altri lo controlli, dev'essere il più severo giudice di se stesso e, pur usando la massima diligenza, diffidare sempre di sé; solo allora si vede come sia difficile osservare questi presupposti e quanto limitate le speranze di rispettarli, siano essi dettati a noi o ad altri. Tutte queste difficoltà (si potrebbe anzi dire impossibilità ipotetiche) non devono impedirci di fare quanto è in nostro potere; e sarà già un notevole passo avanti se cercheremo di rappresentarci in generale i mezzi usati da uomini eminenti per dare impulso alla conoscenza scientifica e le vie traverse nelle quali essi si sono perduti, trascinandosi dietro, spesso per secoli, un gran numero di allievi, finché successive esperienze non ricondussero sulla retta via l'osservatore.

Che l'esperienza eserciti un influsso di prim'ordine sulle scienze naturali (di cui ora tratto) come su tutto ciò che l'uomo intraprende, nessuno vorrà negare; né si contesterà un'alta e indipendente capacità creativa alle forze intellettuali con cui queste esperienze sono afferrate, riunite, ordinate e ulteriormente svolte. È soltanto il modo di compiere e utilizzare le nostre esperienze, di sviluppare e mettere a frutto le nostre capacità, che può non essere universalmente noto e riconosciuto.

L'uomo dalla sensibilità vigile e fresca, quando la sua attenzione è richiamata su un oggetto, si mostra non meno pronto che disposto a osservare. L'ho spesso notato da quando mi dedico con entusiasmo alla teoria della luce e dei colori e, come suole accadere, m'intrattengo su ciò che tanto m'interessa anche con persone alle quali simili argomenti, in genere, non sono familiari. Basta che la loro attenzione sia desta, perché osservino fenomeni che io non conoscevo ancora o sui quali sorvolavo; e non solo spesso rettificano un'idea da me troppo frettolosamente concepita, ma mi permettono di procedere più lesto e di uscire dalle angustie nelle quali, talvolta, una difficile e faticosa esperienza ci tiene imprigionati.

Vale in questo campo ciò che è vero per tante attività umane: solo l'interesse di molti, diretto verso *un unico* punto, può produrre qualcosa di eccellente. E si dimostra come l'ostacolo maggiore per lo scienziato siano l'invidia, che amerebbe negare ad altri l'onore di una scoperta, e la brama smodata di trattare e svolgere soltanto a modo nostro ciò che abbiamo scoperto. Quanto a me, mi sono trovato così bene, con questo metodo di lavorare in comunione con altri, che non vi rinunzierò certo. So perfettamente a chi devo questa o quella cosa lungo il mio cammino, e sarò ben lieto di renderla di pubblica ragione.

Ora, se uomini naturalmente semplici possono riuscirci così utili, quanto più generale sarà il vantaggio se uomini preparati si daranno mano a vicenda! Una scienza è da sola una massa così estesa, che può occupare diverse persone, mentre a nessuna è dato di abbracciarne singolarmente l'insieme. Si può osservare che, come un'acqua chiusa ma viva, le scienze si elevano gradatamente a un certo livello, e le scoperte migliori sono fatte non tanto dagli uomini quanto dai tempi, come d'altronde è accaduto che due o più pensatori di particolari capacità siano giunti contemporaneamente a conclusioni notevoli. Se quindi, nel primo caso, siamo così fortemente in debito verso la società e verso gli amici, nell'altro ancor più lo siamo verso il mondo e verso il secolo e in entrambi non riconosceremo mai abbastanza che, per mantenerci sulla giusta via e spingerci oltre, abbiamo bisogno dello scambio di notizie, dell'aiuto reciproco, della memoria e della contraddizione.

Perciò, in campo scientifico va fatto esattamente il contrario di quello che sembra consigliabile all'artista; questi ha ragione di non rendere pubblica l'opera d'arte prima che sia compiuta, perché non è facile che altri possa consigliarlo o dargli aiuto, mentre, giunto al termine della sua fatica, deve riflettere sul biasimo e sulla lode, e farne tesoro aggiungendoli alla propria esperienza e preparandosi così a nuove creazioni: nelle scienze invece, conviene rendere pubblica ogni singola esperienza e perfino ogni ipotesi, ed è altamente consigliabile non procedere alla costruzione di un edificio scientifico prima che il piano dell'opera e i relativi materiali siano universalmente conosciuti, giudicati e vagliati.

Il processo grazie al quale ripetiamo di proposito le esperienze fatte prima di noi, o da noi stessi, o da altri contemporaneamente a noi, e riproduciamo fenomeni che si sono verificati o per caso o ad arte, si chiama *esperimento.*

Il valore di un esperimento sta soprattutto nel fatto che, semplice o complesso che sia, poste determinate condizioni e valendosi di uno strumento conosciuto e della necessaria accortezza, lo si può sempre ripetere ogni volta che le dovute premesse concorrano. A buon diritto ammiriamo l'intelletto umano, osservando anche superficialmente le combinazioni ch'esso forma a questo scopo e le macchine che ha inventato e, si può dire, inventa ogni giorno per raggiungere il fine.

Ma, per quanto prezioso sia un esperimento isolato, il suo vero valore gli deriva dall'unirlo e collegarlo ad altri. Ora, per unire e collegare due esperimenti che presentino una certa somiglianza, sono necessari più rigore e più attenzione di quanti non se ne impongano, talvolta, anche osservatori acuti. Due fenomeni possono essere affini, ma non quanto sembrerebbe; possiamo credere che due esperimenti derivino l'uno dall'altro, mentre per stabilire fra loro un rapporto naturale occorrerebbe l'esistenza di tutta una catena di termini intermedi.

Perciò, non ci si guarderà mai abbastanza dal trarre da esperimenti conclusioni affrettate; giacché è appunto al passaggio dall'esperienza al giudizio, dalla conoscenza all'applicazione, che, come a una stretta, tutti i nemici segreti dell'uomo stanno in agguato; fantasia, impazienza, precipitazione, arroganza, caparbietà, *forma mentis,* preconcetti, pigrizia, leggerezza, volubilità, o come si vogliano altrimenti chiamare questi nemici con tutto il loro seguito, ci aspettano al varco, e inopinatamente sopraffanno sia l'attivo uomo di mondo, sia lo studioso pacato e apparentemente alieno da passioni.

Allo scopo di mettere in guardia da questo pericolo, ch'è più grande e vicino di quanto non si creda, e attirare su di esso una più vigile attenzione, mi si consenta di esporre un paradosso: oso affermare che *un* esperimento e perfino *più* esperimenti collegati, non dimostrano nulla, e niente è più pericoloso che voler subito, mediante esperimenti, confermare una proposizione. Gli errori più gravi nascono appunto dall'ignorare sia questo pericolo, sia l'insufficienza di questo metodo. Ma, perché non mi si sospetti di voler dire solo alcunché di originale, è necessario che mi spieghi con maggior chiarezza.

Ogni esperienza da noi fatta, ogni esperimento col quale la ripetiamo, è in realtà un frammento isolato della nostra conoscenza, che mediante una ripetizione frequente convertiamo in certezza. Due conoscenze nello stesso campo possono esserci note e avere fra loro rapporti di grande affinità, ma sembrarci ancor più strettamente affini di quello che in realtà non siano; in genere, anzi, così tendiamo a considerarle. Ciò è conforme alla natura umana, la storia del pensiero ne fornisce mille esempi, e io stesso ho più volte notato d'incorrere in quest'errore.

D'altronde, esso si ricollega strettamente a un altro, dal quale perlopiù deriva. Infatti, l'uomo gode più dell'immagine che della cosa, o forse dovremmo dire che gode di una cosa solo in quanto se la immagina; essa deve rispondere alla sua sensibilità e, per quanto egli sollevi la propria immaginazione al disopra della media, per quanto la epuri, in genere essa non rimane che un tentativo di stabilire fra molti oggetti un rapporto intelligibile che, a rigore, essi non hanno; di qui la tendenza alle ipotesi, alle terminologie e ai sistemi, che non sapremmo disapprovare perché deriva necessariamente dalla conformazione del nostro essere.

Se, da un lato, ogni esperienza e ogni esperimento devono per natura essere considerati isolati e, dall'altro, lo spirito umano tende per impulso irresistibile a collegare ciò che sta fuori di noi e ci diventa noto, è facile vedere come sia pericoloso voler collegare un'esperienza singola a un'idea preconcetta, o dimostrare mediante esperimenti isolati un rapporto che non è percepibile, ma che la forza creatrice dell'intelligenza ha già stabilito.

Da tale pretesa nascono perlopiù sistemi e teorie che fanno bensì onore alla sottigliezza di chi li crea, ma, se riscuotono plausi eccessivi e si mantengono più di quanto si convenga, ostacolano e danneggiano il progresso dello spirito umano che pure, in un certo senso, hanno promosso.

Si potrà osservare che una mente robusta impiega tanta più arte, quanto meno dati possiede; che, quasi per dimostrare la propria eccellenza, sceglie fra i dati di cui dispone i pochi favoriti che lo allettano, ordinando gli altri in modo che non la contraddicano direttamente; e che, infine, sa avviluppare, confondere ed eliminare i dati avversi in modo che il tutto somigli non a una repubblica basata sull'autogoverno, ma alla corte di un despota.

In realtà, un uomo che vanti queste doti non mancherà di ammiratori e discepoli che impareranno a conoscere storicamente e a venerare un simile edificio teorico e, nei limiti del possibile, faranno proprio il modo di ragionare del maestro. Dottrine simili prendono spesso a tal punto il sopravvento, che si riterrebbe presunzione e temerarietà metterle in dubbio; solo generazioni successive oseranno, forse a distanza di secoli, penetrare nel sacrario, rivendicare l'oggetto dell'osservazione al senso comune, e ripetere del fondatore di una setta, prendendolo un po' meno sul serio, ciò che un uomo arguto disse di un grande naturalista: « Sarebbe stato un grand'uomo, se avesse fatto meno invenzioni! »

Non basta però indicare il pericolo, e mettere gli altri in guardia dal cadervi. Conviene esporre la propria opinione, e spiegare come si ritenga di poter evitare simili traviamenti, o come un altro, prima di noi, li abbia evitati.

Ho già detto che ritengo nocivo l'impiego *immediato* di un esperimento a dimostrazione di un'ipotesi, lasciando così capire che ne ritengo utile l'impiego *mediato*. Ma, poiché si tratta di un punto cruciale, è necessario che mi spieghi con chiarezza.

Nella natura vivente, nulla accade che non sia in rapporto col tutto; se le esperienze ci *appaiono* isolate, se dobbiamo considerare gli esperimenti alla stregua di fatti singoli, ciò non significa che isolati in realtà essi *siano*; il problema è come troveremo il legame che li unisce.

Abbiamo visto più sopra che andarono particolarmente soggetti a errori coloro che vollero far combaciare immediatamente col proprio pensiero e giudizio un fatto isolato: vedremo per contro che i risultati più fecondi furono raggiunti da coloro che non trascurarono mai, nei limiti delle possibilità, di studiare e svolgere tutti gli aspetti e le modificazioni di una singola esperienza, di un esperimento isolato.

Poiché tutte le cose in natura, ma specialmente le forze e gli elementi più generali, sono in uno stato di perenne azione e reazione, di ogni fenomeno si può dire che stia in rapporto con innumerevoli altri, come di un punto luminoso libero nello spazio diciamo che invia i suoi raggi in tutti i sensi. Se dunque abbiamo compiuto un esperimento o un'esperienza, non studieremo mai abbastanza ciò che gli sta *immediatamente* vicino e ciò che *immediatamente* lo segue. È a questo che dobbiamo guardare, più che a ciò che *gli si riferisce*. La *diversificazione* e *moltiplicazione* dell'esperimento singolo è dunque il primo dovere di un naturalista. Corre a lui l'obbligo inverso di quello di uno scrittore che voglia divertire: questi genera noia se non lascia nulla su cui ragionare; quegli deve agire sempre come se non volesse lasciar nulla da fare a chi lo seguirà, sebbene la sproporzione fra la nostra intelligenza e la natura delle cose sia lì a ricordargli che nessuno possiede da solo capacità sufficienti per concludere definitivamente un'opera.

Nei primi miei due *Contributi all'ottica*,[1] ho cercato appunto di allineare una serie di esperimenti che confinano e si toccano immediatamente; che anzi, a conoscerli e abbracciarli come un tutto, rappresentano *un solo* esperimento, *una sola* esperienza, presentati sotto gli angoli più diversi.

Un'esperienza composta di diverse altre è chiaramente di un *ordine più elevato*, ed equivale a una formula algebrica che esprime un gran numero di calcoli aritmetici isolati. Per me, il dovere supremo di un naturalista, come prova l'esempio dei migliori che hanno operato in questo campo, è di continuare a lavorare su tali esperienze superiori.

È dai matematici che dobbiamo imparare l'avvertenza di ordinare in una serie le cose vicine, o meglio, dedurre ciò che è immediatamente successivo da ciò che è immediatamente precedente: anche là dove non facciamo uso di calcoli, dobbiamo procedere come se fossimo sempre tenuti a render conto del nostro operato al geometra più rigoroso e severo.

Infatti, il metodo matematico è quello che, per la sua precisione e purezza, permette di scoprire ogni salto in una asserzione; a ben guardarle, le sue dimostrazioni non sono se non illustrazioni circostanziate del fatto che quanto ora si presenta collegato esisteva già nelle sue parti semplici e nella loro successione completa, è stato abbracciato nell'insieme, e riconosciuto esatto e inconfutabile in ogni circostanza. Perciò le sue dimostrazioni, più che *argomenti*, sono *esposizioni* e *ricapitolazioni*. E, poiché introduco questa distinzione, mi si conceda di fare un passo indietro.

È chiaro quale differenza esista fra una dimostrazione matematica, che svolge i primi elementi in un'infinità di combinazioni, e il genere di dimostrazione che un oratore consumato potrebbe trarre da argomenti. Questi possono contenere rapporti isolati, ma una fantasia e un ingegno brillante riescono a farli convergere in un punto focale unico, creando l'illusoria apparenza del giusto o dell'ingiusto, del vero o del falso. Allo stesso modo, gli esperimenti singoli possono essere ordinati come argomenti a sostegno di una tesi o di una ipotesi, per dedurne una dimostrazione più o meno fallace.

Colui, invece, al quale preme di agire con lealtà verso se stesso e verso il prossimo, cercherà di svolgere gli esperimenti isolati con la massima cautela e derivarne esperienze di un tipo superiore. Queste sono enunciabili in formule brevi e comprensibili e, man mano che si sviluppano, possono ordinarsi e collegarsi in modo che – una per una o tutte insieme – rimangano incrollabili come altrettanti teoremi matematici.

Gli *elementi* di queste esperienze di un ordine più elevato, che consistono di molti elementi singoli, possono essere esaminati e controllati da chiunque, e non sarà difficile stabilire se le diverse parti singole consentano davvero di esprimersi in una formula generale, giacché qui l'arbitrio è escluso.

Con l'altro metodo, invece, col quale si pretende di dimostrare ciò che si afferma mediante *esperimenti isolati* e concepiti come *argomenti*, il giudizio viene perlopiù colto di sorpresa e, se non si arresta sotto la spinta del dubbio, facilmente cade in errore. Raduniamo per contro una serie di esperienze d'ordine superiore, e, quand'anche il ragionamento, la fantasia e l'arguzia vi si esercitino, non faranno alcun danno e forse riusciranno utili. Nel compiere quel primo lavoro, non si eccederà mai abbastanza nella precisione, nella diligenza e perfino nella pedanteria, giacché esso deve servire al nostro mondo e ai posteri. I materiali vanno poi ordinati in serie, non riuniti per via d'ipotesi o utilizzati per dar loro forma sistematica. Sarà poi libero ciascuno di collegarli a modo suo, e di ricavarne un tutto più o meno conforme e gradito alla sensibilità umana. In tal modo, si potrà separare ciò che dev'esser separato, e il comune patrimonio di esperienze sarà accresciuto con maggior celerità e più sicure garanzie di purezza, che se gli elementi successivi si dovessero accantonare, inutilizzati, come pietre raccolte a costruzione finita.

L'opinione e l'esempio dei migliori mi fanno sperare d'essere sulla buona strada, e vorrei che di questa dichiarazione gli amici, i quali badano a chiedermi che scopo io mi prefigga con le mie ricerche d'ottica, si tenessero appagati. Il mio scopo è di raccogliere tutte le esperienze compiute in questo ramo, di farne a mia volta, di svilupparle in tutta la varietà possibile in modo che siano poi facili da imitare e non si sottraggano al campo visivo di molte persone; infine, di formulare proposizioni in cui si possano esprimere le esperienze di tipo superiore, e attendere di poter stabilire in qual misura anch'esse si ordinino sotto un principio più alto. Che se fantasia e genialità, nella loro impazienza, dovessero precorrermi, lo stesso modo di procedere indicherà la direzione del punto al quale si dovrà ricondurle.

COME SI PUÒ APPLICARE AGLI ESSERI ORGANICI IL CONCETTO: BELLEZZA È PERFEZIONE CON LIBERTÀ *

Un essere organico è così multiforme all'esterno, così molteplice ed inesauribile all'interno, che non si sceglieranno mai abbastanza punti di vista per esaminarlo, né si svilupperanno mai organi sufficienti per scomporlo in parti senza tuttavia ucciderlo. Cercherò ora di applicare alle nature organiche l'idea che la bellezza è "perfezione con libertà".

Le membra di tutti gli esseri organici sono conformate in modo ch'essi possano godere della propria esistenza, conservarla e riprodurla. In questo senso, ogni vivente può chiamarsi perfetto. Volgiamoci agli animali cosiddetti superiori.

Se le membra dell'animale sono così costituite, ch'esso sia solo molto limitatamente in grado di estrinsecare la propria esistenza, noi lo chiameremo brutto; infatti, la limitazione dell'essere organico a un unico scopo determina la prevalenza di questo o quel suo membro, cosicché il libero uso degli altri ne risulta impedito.

Nell'osservare quest'animale, la mia attenzione è richiamata sulle parti che prevalgono sul resto; e, mancando di armonia, esso non può darmi un'impressione armonica. Così, la talpa sarebbe decisamente brutta, perché la sua struttura le permette un numero limitato di azioni e il predominio di alcune parti sulle altre la rende del tutto informe.

Anche soltanto per soddisfare senza impedimenti i bisogni necessari più limitati, un animale dev'essere dunque pienamente organizzato; ma perché ci dia anche esteriormente un'impressione di bellezza bisogna che, oltre alla soddisfazione del bisogno, gli rimangano la forza e la capacità di compiere atti liberi e, per così dire, senza scopo.

Se dunque affermo che un animale è bello, invano cercherei di provare questo giudizio con una proporzione di numeri o misure.[2] Così dicendo, mi limito piuttosto ad affermare che, in esso, le membra sono in un rapporto tale che nessuno impedisce l'azione dell'altro; anzi, grazie al loro perfetto equilibrio, necessità e bisogno si nascondono così bene al mio occhio, che l'animale sembra agire solo per libera scelta. Si pensi a un cavallo che si veda usare in libertà le proprie membra.

* Questo testo, non pubblicato da Goethe, fu da lui inviato a Schiller il 30 agosto 1794, e venne ritrovato tra gli scritti di Schiller nel 1953 da Günther Schülz che lo pubblicò in " Jahr. d. Goethe-Gesellschaft », 14-15, 1952-53, con il titolo *Inwiefern die Idee: Schönheit sei Vollkommenheit mit Freiheit, auf organische Naturen angewendet werdenkönne.*

Salendo all'uomo, lo troviamo quasi del tutto sciolto dai vincoli dell'animalità; le sue membra ci appaiono in delicati rapporti di subordinazione e coordinamento; più delle membra di qualunque altro animale, esse sono soggette al volere, e attrezzate non solo a ogni specie di funzioni, ma anche all'espressione dell'anima. Basta ch'io accenni al linguaggio dei gesti, che nell'uomo educato è contenuto e represso e che, a parer mio, eleva l'uomo al disopra dell'animale tanto quanto il linguaggio parlato.

Per formarsi in tal modo il concetto di uomo bello, è necessario prendere in considerazione rapporti innumerevoli, e, certo, lunga è la via da percorrere prima che l'alto concetto della libertà coroni la perfezione umana anche nel mondo dei sensi.

Aggiungo un'altra osservazione. Chiamiamo bello un animale, quando ci dà l'idea che *possa* servirsi ad arbitrio delle proprie membra; non appena se ne serve davvero liberamente, l'idea del bello è inghiottita dalla sensazione di gentile, piacevole, leggero, superbo ecc. Come si vede, la bellezza presuppone *calma* con *forza*, *inattività* con *potere*.

Se, in un corpo o in uno dei suoi membri, l'idea dell'estrinsecazione della forza s'intreccia troppo strettamente a quella di esistenza, il genio del bello sembra svanirci: perciò gli antichi scolpivano anche i loro leoni nel più alto grado di quiete e indifferenza, al fine di attrarre il senso col quale percepiamo la bellezza.

Credo quindi di poter dire: chiamiamo bello un essere perfettamente organizzato quando la sua vista ci fa pensare che *gli sia concesso, appena lo voglia, un uso libero e multiforme di tutte le sue membra*; ecco perché la più alta sensazione di bellezza è legata alla sensazione di fiducia e di speranza.

Ora, a me sembra che uno studio della forma animale e umana, condotto seguendo questa via, dovrebbe fornire punti di vista e determinare rapporti molto interessanti. In particolare, come già si diceva, si otterrebbe di esprimere in formule più spirituali quel concetto di proporzione, che noi crediamo sempre di esprimere soltanto con cifre e misure, e si potrebbe sperare che quelle formule collimino, in definitiva, col procedimento dei maggiori artisti di cui ci sono pervenute le opere e, nello stesso tempo, abbraccino i bei prodotti naturali che, di quando in quando, ci accade di osservare vivi.

Sarà poi oltremodo interessante stabilire come si possano produrre caratteri senza uscire dal cerchio della bellezza, e come la limitazione e la determinazione nel particolare siano possibili senza nuocere alla libertà.

Un simile procedimento, per distinguersi dagli altri e giovare veramente come lavoro preparatorio ai futuri amici della natura e dell'arte, dovrebbe avere una base anatomo-fisiologica; solo che, per la rappresentazione di un insieme così vario e mirabile, è difficile concepire la possibilità della forma di una adeguata esposizione.

ESPERIENZA E SCIENZA *

I fenomeni, che noi chiamiamo anche fatti, sono certi e distinti per natura, ma spesso indistinti e mutevoli in quanto appaiono. Il naturalista si sforza di cogliere e tener ben fermo ciò che, nei fatti empirici, è distinto; la sua attenzione si concentra, nei singoli casi, non solo sul modo in cui i fenomeni appaiono, ma anche sul modo in cui dovrebbero apparire. Come mi accade spesso di notare soprattutto nel campo in cui lavoro,[3] sono molti i frammenti empirici che è necessario scartare prima di ottenere un fenomeno puro e costante, ma, appena io mi permetto ciò, mi pongo già una specie di ideale.

V'è però una grande differenza se, come fanno i teorici, per amor di una ipotesi si riempie di file di numeri un frammento d'esperienza, o se si sacrifica il frammento empirico all'idea del fenomeno puro.

Infatti, poiché l'osservatore non vede mai con gli occhi il fenomeno puro, ma molto dipende dal suo stato d'animo, dalle condizioni dell'organo in quel dato momento, dalla luce, dall'aria, dalla situazione atmosferica, dai corpi, dal modo di trattarli e da mille altre circostanze, pretendere di attenersi all'individualità del fenomeno e osservarla, misurarla, soppesarla è come pretendere di bere un mare.

Nell'osservazione e considerazione della natura, io sono rimasto il più possibile fedele, specialmente negli ultimi anni, a questo metodo:

Stabilita empiricamente, fino a un certo punto, la costanza e conseguenza dei fenomeni, ne traggo una legge empirica, che applico alle esperienze successive. Se poi legge e fenomeni combaciano perfettamente, avrò guadagnato; in caso contrario, la mia attenzione si soffermerà sulle circostanze in cui i casi singoli si producono, e sarò costretto a cercare nuove condizioni sotto le quali rappresentare con maggior purezza le esperienze contrastanti; se infine, a parità di condizioni, si ripeterà un caso che contraddice alla mia legge, ne concluderò che devo prose-

* Datato il 15 gennaio 1798, non pubblicato da Goethe. Può considerarsi un'appendice a una lettera inviata a Schiller il 17 gennaio 1798. Prima pubblicazione in WA, II, 11, con il titolo *Erfahrung und Wissenschaft*.

guire in tutto il mio lavoro, e cercar di raggiungere un punto di vista più alto.

E questo, secondo la mia esperienza, sarebbe il punto in cui lo spirito umano può avvicinarsi meglio agli oggetti nella loro generalità, attirarli a sé e, nello stesso tempo, amalgamarsi con loro (come d'altronde facciamo nella comune empiria) in modo razionale.

Ciò che del nostro lavoro dovremmo illustrare sarebbe dunque:

1. il *fenomeno empirico* che ogni uomo percepisce in natura e che, in seguito,

2. mediante l'esperimento si eleva a *fenomeno scientifico*, rappresentandolo in circostanze e condizioni diverse da quelle in cui lo si era dapprima conosciuto e in una più o meno felice successione.

3. Il *fenomeno puro*, come risultato ultimo di tutte le esperienze e di tutti gli esperimenti. Esso non può mai essere isolato, ma si mostra in una serie costante di fenomeni; per rappresentarlo, lo spirito umano determina l'empiricamente oscillante, esclude il casuale, isola l'impuro, sviluppa l'incerto, e scopre l'ignoto.

Qui, se l'uomo sapesse accontentarsi, sarebbe raggiunto il limite dei nostri sforzi, giacché qui non si chiedono cause, ma condizioni sotto le quali i fenomeni appaiono; se ne osserva e percepisce la successione rigorosa, l'eterno ricorso in mille circostanze, l'uniformità e variabilità, se ne riconosce la determinatezza, che, a sua volta, lo spirito umano determina.

Questo lavoro non dovrebbe, a rigore, chiamarsi speculativo, non trattandosi in fondo, a mio giudizio, che delle operazioni pratiche ed autorettificantisi della comune intelligenza umana, in quanto osa cimentarsi in una sfera superiore.

W. 15 gennaio 1798.

INFLUENZA DELLA FILOSOFIA RECENTE *

Per la filosofia in senso proprio, io non ho mai avuto una disposizione particolare; solo l'incessante azione e reazione con la quale ero costretto a resistere al mondo che irrompeva in me, mi spinse all'adozione di un metodo per cercar di percepire come se fossero oggetti le idee dei filosofi, e perfezionarmi nell'urto e

* Scritto nel 1817, anno in cui Goethe si dedica attivamente allo studio di Kant. Apparso in *Zur Morphologie*, I, 2, 1820, col titolo *Einwirkung der neueren Philosophie*.

a contatto con esse. Da giovane, ero stato un lettore assiduo della *Storia della filosofia* di Brucker[4] e mi era accaduto come a chi per tutta la vita si vede girar di sopra il cielo stellato e vi distingue molte costellazioni appariscenti, ma non sa nulla di astronomia; come chi conosce l'Orsa maggiore, ma non la Stella polare.

Dell'arte e delle sue condizioni teoriche avevo molto discusso a Roma con Moritz, e un volumetto è ancora lì ad attestare la nostra feconda ignoranza in quegli anni.[5] Più tardi, nell'esporre il « tentativo di spiegare la metamorfosi delle piante », doveva necessariamente svilupparsi un metodo conforme alla natura, giacché, quando la vegetazione mi faceva vedere, passo dopo passo, il suo modo di procedere, io non potevo sbagliarmi ma, affidandomi a lei, dovevo riconoscere le vie e i mezzi grazie ai quali essa riesce a spingere alla compiuta perfezione anche lo stato più embrionale. Infine, nel corso di studi di fisica, dovetti convincermi che, pur osservando attentamente gli oggetti, il nostro dovere supremo è di studiare a fondo tutte le condizioni sotto le quali un fenomeno ricorre, e perseguire nei fatti empirici la maggior compiutezza possibile, giacché, in definitiva, essi sono costretti a disporsi l'uno accanto all'altro o, meglio, l'uno intrecciato all'altro, e quindi a formare sotto gli occhi dello studioso un ordine, a manifestare la totalità della loro vita interna.[6] Ma questo stato rimaneva crepuscolare: non trovavo in nessun luogo una soluzione che rispondesse al mio modo d'intendere e sentire – il solo, in ultima analisi, dal quale ognuno di noi sia veramente illuminato.

La *Critica della ragion pura* di Kant, sebbene uscita già da tempo,[7] mi restava completamente inaccessibile. Ma, assistendo a ripetute discussioni in proposito e seguendole con una certa attenzione, potei rendermi conto che vi si riproponeva l'antico problema centrale: quanto contribuisca alla nostra esistenza spirituale il nostro Io, e quanto invece il mondo esterno. Questi due termini, io non li avevo mai separati; quando, a modo mio, filosofeggiavo sugli oggetti, lo facevo con inconscio candore e credevo sinceramente di vedermi davanti le mie idee. Tuttavia, appena il discorso cadeva su quella diatriba,[8] ero pronto a schierarmi dalla parte che più rende omaggio all'uomo, e plaudivo con tutto il cuore agli amici che affermavano, con Kant: se è vero che ogni nostra conoscenza comincia con l'esperienza, non per questo tutte ne derivano. Ero anche disposto ad accettare le conoscenze *a priori* e i giudizi sintetici *a priori*, poiché in tutto il corso della mia vita, poetando ed osservando, avevo sempre proceduto per sintesi e poi, di nuovo, per analisi; per me, *la sistole e la diastole* dello spirito umano non sono mai state disgiunte come un secondo respiro; erano sempre pulsanti. Ma, per tutto ciò, non avevo né parole né, tanto meno, frasi, mentre ora una teoria sembrava finalmente arridermi. Quello che mi piaceva era la porta d'ingresso; di avventurarmi nel labirinto m'impediva ora il dono poetico, ora l'intelletto; e nulla sembrava farmi progredire.

Disgraziatamente, Herder era bensì allievo, ma avversario di Kant; mi ritrovai quindi ancor peggio; non potevo né concordare con Herder, né seguire Kant.[9] Frattanto, continuavo a studiare con fervore la formazione e trasformazione degli esseri organici [10] servendomi qui da infallibile battistrada il metodo che già avevo usato nello studio delle piante. Non mi sfuggiva che la natura segue sempre un procedimento analitico, di evoluzione da un misterioso Tutto vivente; subito dopo, però, mi sembrava che agisse di nuovo sinteticamente, poiché rapporti in apparenza del tutto diversi erano riavvicinati e ricollegati in un Tutto unico. Tornavo quindi alla teoria di Kant; credevo di capirne certi capitoli meglio di altri, e ne assimilai molte cose.

Poi mi capitò fra le mani la *Critica del giudizio*, e a essa vado debitore di un'epoca veramente felice della mia esistenza. Vidi qui esposti uno accanto all'altro gli oggetti più diversi delle mie fatiche, prodotti dell'arte e della natura trattati gli uni come gli altri, giudizio estetico e teleologico illuminantisi a vicenda.

Sebbene non fosse sempre possibile accordare il mio modo di vedere con quello dell'autore e, qua e là, sembrasse sfuggirmi qualcosa, le grandi idee maestre di quell'opera erano perfettamente analoghe a quanto avevo fin allora creato, fatto e pensato; la vita interna sia dell'arte che della natura, la loro mutua azione e reazione, erano in quel libro chiaramente discusse. I prodotti di questi due mondi illimitati dovevano esistere per sé, e ciò che *co*esisteva esisteva bensì *per* l'altro, ma non espressamente *a causa* dell'altro (e viceversa).

La mia avversione per le cause finali era così giustificata e ridotta a sistema; potevo distinguere chiaramente scopo ed effetto; capivo inoltre perché l'intelletto umano spesso li confonda, e mi rallegravo che poesia e scienza naturale comparata fossero così strettamente affini, in quanto sottoposte alla stessa facoltà del giudizio. Con rinnovata passione, ripresi più spedito il mio cammino non sapendo io stesso dove mi avrebbe condotto, e non trovando molti consensi presso i kantiani né per *ciò* che mi ero appropriato, né per *il modo* di quest'appropriazione. Infatti, io esprimevo solo ciò ch'era stato stimolato in me, non ciò che avevo letto. Risospinto su me stesso, non cessai di studiare il libro: ancor oggi gusto i brani del vecchio esemplare che sottolineai in quei giorni lontani, come pure quelli della *Critica della ragion pura*, nella quale ora mi sembrava d'esser riuscito a penetrare più in fondo, giacché le due opere, nate dallo stesso spirito, si richiamano a vicenda. Non per questo mi riuscì di avvicinarmi ai kantiani; mi ascoltavano, è vero, ma non potevano né controbattermi, né fornirmi uno stimolo. Più di una volta, mi accadde di sentir proclamare da questo o da quello, con sorridente stupore: « è un *analogo* della concezione di Kant; ma ben strano! »

La singolarità della cosa risultò non appena presero vita i miei rapporti con Schiller. Le nostre conversazioni erano d'argomento produttivo o teorico, generalmente l'una e l'altra cosa assieme; egli predicava il vangelo della libertà, io non accettavo che si limitassero i diritti della natura. Per amicizia e simpatia per me forse più che per convinzione propria, nelle *Lettere estetiche* Schiller non trattò la buona Madre (la natura) con la durezza di linguaggio che mi aveva reso inamabile la sua *Grazia e Dignità*;[11] ma poiché io, altrettanto cocciuto e testardo, non soltanto esaltavo la superiorità dell'immaginazione poetica greca, e la poesia che su di essa si fonda e ne deriva, ma ritenevo questa maniera come la sola giusta e desiderabile, egli ne fu spinto a più meditate riflessioni, e appunto a questo nostro conflitto si devono i saggi *Sulla poesia ingenua e sentimentale*.[12] I due modi d'immaginare e poetare dovevano adattarsi a riconoscersi, uno di fianco all'altro, lo stesso rango.

Così, egli gettava la prima pietra di tutta la nuova estetica; giacché gli aggettivi *ellenico* e *romantico*, o qualunque altro sinonimo si trovi, possono farsi risalire al punto in cui, per la prima volta, si discusse della superiorità del procedimento reale o del procedimento ideale.

Così mi abituai sempre più a un linguaggio che fin allora mi era rimasto estraneo, e in cui dovevo ritrovarmi con tanta maggior facilità, in quanto – dopo ch'eravamo stati costretti a lasciarci trattare in modo indegno dai filosofi popolari, e da un'altra genìa di filosofi cui non saprei che nome dare – la superiore rappresentazione dell'arte e della scienza ch'esso rendeva possibile mi faceva apparire ai miei occhi più ricco e rispettabile.

Di altri progressi sono debitore a Niethammer,[13] che si adoperò con amichevole costanza a dissuggellarmi i segreti più arcani, a sviluppare e chiarire singoli concetti e singole espressioni. Ciò che, contemporaneamente e in seguito, dovetti a Fichte, a Schelling, a Hegel, ai fratelli von Humboldt e, infine, a Schlegel, vorrei poter illustrare con animo grato in avvenire, ove mi fosse concesso, se non di descrivere, almeno di tratteggiare a grandi linee, dal mio punto di vista, quell'epoca per me così importante: l'ultimo decennio del secolo scorso.

IL GIUDIZIO INTUITIVO *

Ai tempi in cui cercavo, se non di penetrare a fondo, di mettere il più possibile a profitto la dottrina di Kant, la mia impressione, a volte, era che l'ottimo uomo procedesse in modo maliziosamente ironico, ora sembrando ansioso di limitare al minimo il nostro potere di conoscere, ora lanciando un'occhiata di traverso al di là dei confini da lui stesso fissati. Probabilmente, non gli era sfuggito con quanta presunzione e saccenteria si comporti l'uomo allorché, armato di poche esperienze, si arroga subito di trinciar giudizi e pretende frettolosamente di stabilire questo o quello, di appioppare agli oggetti il primo grillo che gli passa per il capo. Perciò il nostro Maestro limita l'uomo che pensa a una forma di giudizio logica e discorsiva, gli nega il giudizio determinante; ma poi, dopo averci messo alle strette o addirittura esasperati, si lascia strappare concessioni più liberali e ci permette di far l'uso che vogliamo della libertà che, in qualche modo, ci riconosce. In questo senso, fu per me molto indicativo il brano che segue:

« Possiamo concepire anche un intelletto che, non essendo discorsivo come il nostro, ma intuitivo, vada dal generale sintetico (dalla percezione di un tutto come tale) al particolare, vale a dire dal tutto alle parti... Qui non è necessario dimostrare la possibilità di un tale *intellectus archetypus*, ma basta provare che dalla considerazione del nostro intelletto discorsivo, che ha bisogno di immagini (*intellectus ectypus*), e dalla contingenza della sua natura, siamo indotti per via di paragone a quell'idea di un *intellectus archetypus*, e che questa non contiene alcuna contraddizione. »[14]

È vero che qui l'autore sembra riferirsi a un intelletto divino; ma se, in campo morale, dobbiamo elevarci in una sfera superiore e avvicinarci all'Essenza prima mediante la fede in Dio, la virtù e l'immortalità, altrettanto dovrebbe avvenire in campo intellettuale: che cioè, mediante l'intuizione di una natura sempre creante, ci si renda spiritualmente partecipi delle sue creazioni. Se dapprima, in modo inconscio, e spinto da un impulso irresistibile verso quel Modello originario, quel Tipo, avevo potuto ottenerne una rappresentazione conforme a natura, nulla poteva ora impedirmi di affrontare coraggiosamente quella che lo stesso vegliardo di Königsberg chiama *l'avventura della ragione*.[15]

* Scritto nel settembre 1817, pubblicato in *Zur Morphologie*, I, 2, 1820, col titolo *Anschauende Urteilskraft*.

DUBBIO E RASSEGNAZIONE *

Osservando l'edificio dell'universo nella sua massima estensione e nella sua estrema divisibilità, non possiamo evitar di pensare che a base del Tutto sia un'idea, secondo la quale, di eternità in eternità, Dio può creare e agire nella Natura, e la Natura in Dio. Percezione, osservazione, riflessione, ci avvicinano sempre più a questi misteri. Imbaldanziti, osiamo spingerci a costruire idee; ridivenuti modesti, formuliamo concetti che vorremmo analoghi a quei princìpi primi.

Qui sorge la difficoltà intrinseca – di cui non siamo sempre chiaramente consapevoli – che fra idea ed esperienza sembra essersi stabilita una frattura, e invano noi cerchiamo, con tutte le nostre forze, di varcarla. Ciò nonostante, la nostra aspirazione eterna rimane di superare questo iato con la ragione, l'intelletto, la fantasia, la fede, l'illusione e, se null'altro ci soccorre, la follia.

Infine, proseguendo onestamente in tali sforzi, scopriamo che probabilmente ha ragione il filosofo [16] di sostenere che nessuna idea è mai perfettamente congrua con l'esperienza, sebbene idea ed esperienza possano, anzi debbano, essere analoghe.

La difficoltà di collegare l'una all'altra idea ed esperienza è un serio ostacolo a ogni ricerca che abbia per oggetto la natura; l'idea è indipendente dallo spazio e dal tempo; le scienze naturali sono limitate nello spazio e nel tempo; ne segue che, nell'idea, simultaneo e successivo sono indissolubilmente legati, mentre dal punto di vista dell'esperienza sono sempre divisi; e un fatto naturale che, secondo l'idea, va pensato insieme come simultaneo e come successivo, sembra precipitarci in una specie di follia. L'intelletto non può pensare unito ciò che la sensibilità gli ha trasmesso distinto, e così l'antinomia fra percepito e ideato rimane eternamente insoluta.

Per trovare un po' di sollievo, dobbiamo rifugiarci nella sfera della poesia, e ripetere con qualche variante l'antica canzone: « Guardate dunque con occhio modesto, / dell'eterna tessitrice il prodigio: / come un colpo di piede metta in moto migliaia di fili, / e su e giù la spola passi e ripassi mai stanca, / e invisibili scorrano i fili, e da solo / un colpetto li intrecci e combini! / Tutto ciò essa ha riunito non d'accatto, / ma l'ordisce da sempre, / perché possa l'artefice eterno, / gettare sicuro la trama. »[17]

* Scritto nel maggio del 1818, e pubblicato in *Zur Morphologie*, I, 2, 1820, col titolo *Bedenken und Ergebung*.

IMPULSO FORMATIVO *

Su ciò ch'è stato fatto in questo settore importante, nella sua *Critica del giudizio* Kant si esprime come segue: « Nessuno più di J. F. Blumenbach si è adoperato per questa teoria dell'epigenesi, sia per dimostrarla, sia per stabilire i veri principi della sua applicazione e anche moderarne l'abuso ».[18] Questa dichiarazione del coscienzioso Kant mi spinse a riprendere l'opera di Blumenbach,[19] che già avevo letta ma non penetrata. Qui trovai il mio Caspar Friedrich Wolf come anello intermedio fra Haller e Bonnet da un lato, e Blumenbach dall'altro. A sostegno della sua epigenesi, Wolf doveva presupporre un elemento organico, dal quale poi gli esseri destinati alla vita organica si alimentassero, e attribuì a questa materia una *vis essentialis*, che si adatta a tutto ciò che vuole autoprodursi e quindi si eleva al rango di produttore.

Espressioni simili lasciavano ancora a desiderare, perché a una materia organica, per quanto la si concepisca vivente, rimane sempre appiccicato qualcosa di materiale. La parola forza indica in primo luogo qualcosa di puramente fisico e addirittura meccanico, e ciò che debba organizzarsi da tale materia ci rimane un punto oscuro e incomprensibile. Ed ecco Blumenbach raggiungere il vertice massimo e ultimo dell'espressione, antropomorfosare la parola del mistero, e chiamare ciò di cui si parla un *nisus formativus*, una tendenza, un impulso, un'attività vigorosa, da cui la formazione sarebbe provocata.

A guardar meglio, procederemmo più spediti, più comodi e forse più radicali, se riconoscessimo che, per esaminare ciò che è, dobbiamo ammettere un'attività precedente, e che, se vogliamo pensare un'attività, dobbiamo metterle a base un elemento adeguato sul quale possa agire, e infine immaginare come perpetuamente uniti ed eternamente coesistenti quest'attività e il suo supporto. Un simile prodigio ci si presenta, personificato, come un Dio creatore e conservatore, che siamo esortati e venerare, pregare e celebrare.

Tornando al campo della filosofia, e riprendendo in esame l'evoluzione e l'epigenesi, queste ci sembrano parole fatte soltanto per lasciarci a mani vuote. È vero che un uomo di cultura superiore troverà presto stomachevole la teoria dell'incastro; ma nella teoria dell'aggregazione e assimilazione si presuppone pur sempre qualcosa che aggrega e qualcosa che dev'essere aggregato e, se non vogliamo pensare ad una preformazione, giungiamo

* Scritto tra il 17 settembre 1817 e il 25 maggio 1818, apparso in *Zur Morphologie*, I, 2, 1820 col titolo *Bildungstrieb*.

però a una predelineazione, a un prestabilire, a un predeterminare, o comunque si voglia battezzare ciò che dovrebbe venire prima che noi percepiamo qualcosa.

Questo oso sostenere: quando un essere organico appare, l'unità e la libertà dell'impulso formativo sono incomprensibili senza il concetto della metamorfosi.

Per concludere, ecco uno schema destinato a stimolare nuove riflessioni:

Materia
Potenzialità
Forza
Energia } Vita
Aspirazione
Impulso
Forma

CORTESE APPELLO *

Non posso celare in chiusura [20] una gioia profonda che in questi giorni ho ripetutamente sentito. Mi sento in un felice accordo con i ricercatori attivi, seri, vicini e lontani. Essi ammettono e sostengono che si debba presupporre e convenire che vi sia qualcosa di non indagabile, senza tuttavia ritenere che ciò implichi la necessità di porre al ricercatore alcuna linea di confine.

E infatti io devo ammettere e presupporre me stesso senza sapere neppure come sono fatto, mi studio sempre di continuo senza mai afferrare me stesso, me stesso e gli altri, e tuttavia si procede lietamente sempre avanti, più avanti!

È così anche il mondo! Anche se è di fronte a noi senza principio né fine, anche se i suoi orizzonti sono senza confini e ciò che è vicino rimane impenetrabile, tuttavia non si potrà mai determinare né definire, quanto profondamente lo spirito umano possa penetrare i propri misteri e quelli del mondo.

Possano in questo senso essere accolti e accettati questi versi:

Esclamazione indignata [21]

Nell'interno della natura,
oh tu filisteo!
penetrare non può alcun spirito creato.
A me e ai miei fratelli

* Scritto nel 1820 e pubblicato da Goethe con il titolo *Freudliche Zuruf*, in *Zur Morphologie*, I, 3, 1820.

possiate questa parola
non solo ricordare:
noi pensiamo: punto per punto
siamo nell'interno.
Felice colui a cui essa solo
il guscio esterno mostra!
Questo ho sentito ripetere per sessant'anni,
lo maledico per questo, ma di nascosto;
dimmi mille e mille volte:
tutto dà in abbondanza e volentieri;
la natura non ha né nocciolo
né guscio,
tutto è in una volta sola;
ti esamina solo più di ogni altra cosa:
tu sei nocciolo o guscio? [22]

PROBLEMI *

Sistema naturale: un'espressione contraddittoria.

La natura non ha sistema, essa ha vita, essa è vita e successione da un centro ignoto verso un confine non conoscibile. La contemplazione della natura è perciò senza fine: si può procedere nella sua suddivisione nei più piccoli particolari, oppure seguirne nell'insieme le tracce nelle dimensioni più estese e profonde.

L'idea della metamorfosi è un dono che viene dall'alto, molto solenne, ma al tempo stesso molto pericoloso. Essa conduce all'assenza di forma; distrugge il sapere, lo disgrega. È simile alla *vis centrifuga* e si perderebbe nell'infinito se non avesse un contrappeso: voglio dire l'istinto di specificazione, la tenace capacità di persistere di ciò che una volta è divenuto realtà. È come una *vis centripeta* che nessuna esteriorità può danneggiare nel suo fondamento più profondo. Si consideri il genere delle *eriche*.

Entrambe le forze operano là contemporaneamente: per questo dovremmo rappresentarle contemporaneamente anche in una prospettiva didattica, cosa che sembra impossibile.

Possiamo forse ancora una volta salvarci da questa situazione imbarazzante con un procedimento artificiale.

Il confronto si può fare con i toni musicali, naturalmente sempre progressivi, e con le ottave che hanno uguali oscillazioni.

* Inviato come aggiunta a una lettera del 2 febbraio 1823 a Ernst Meyer, professore di botanica a Königsberg dal 1791 al 1858. Pubblicato da Goethe in *Zur Morphologie*, II, 1, 1823, con il titolo *Probleme*.

Una musica perciò decisamente e radicalmente più alta è possibile solo se si mette in lotta con la natura.

Dovremmo dar luogo a una esposizione artificiosa! Dovremmo mettere insieme un sistema simbolico! Ma chi deve farlo? Chi deve riconoscere ciò che è stato fatto?

Quando prendo in esame ciò che in botanica si chiamano *genera* e il modo in cui si possono utilizzare, sono sempre di fronte al fatto che un genere non si può considerare allo stesso modo dell'altro. Ci sono generi, vorrei dire, che hanno un carattere che ripresentano in tutte le loro specie, cosicché si può pervenire a essi per via razionale: non si disperdono facilmente in varietà e perciò meritano di essere trattati con la massima attenzione; io posso menzionare le *genziane*, il botanico esperto saprà indicare molti altri generi.

Viceversa ci sono generi che sono senza caratteri, a cui forse si possono difficilmente attribuire delle specie perché si disperdono in numerosissime varietà. Se si considerano questi con rigore scientifico, non si giungerà mai alla fine, anzi ci si finisce per confondere perché sfuggono a ogni determinazione, a ogni legge. Ho osato talvolta chiamare questi generi "sregolati" e mi sono azzardato a infliggere alla rosa questo epiteto che certo non ne sminuisce la grazia; è la rosa canina, in particolare, che si prende questo rimprovero.

L'uomo, dove ha un comportamento significativo, ha un comportamento rivolto alla costituzione di leggi, innanzitutto in campo morale, attraverso il riconoscimento del dovere, poi in quello religioso, professando una propria fede in Dio e nelle cose divine, e limitandosi a determinate, e analoghe cerimonie esteriori. La stessa cosa accade nei governi, siano essi pacifici o bellicosi: il modo di agire e di fare è significativo solo se essi lo prescrivono a se stessi e agli altri. È così anche nelle arti: come lo spirito umano si sia sottomesso alla musica è stato detto prima, come esso abbia esercitato il suo influsso intervenendo con i più grandi talenti sull'arte figurativa nelle epoche migliori, è ai nostri tempi un vero e proprio segreto. Nelle scienze, gli innumerevoli tentativi di sistematizzare e schematizzare indicano la stessa cosa. Ma tutta la nostra attenzione deve essere rivolta ad apprendere il modo di procedere della natura per non renderla restia con prescrizioni coartanti e, per contro, per non farci allontanare dallo scopo per causa dei suoi arbitrii.

SOLLECITAZIONE SIGNIFICATIVA PER UNA SOLA PAROLA INTELLIGENTE *

Nella sua *Antropologia*, opera sulla quale avremo ancora occasione di tornare, il dott. Heinroth[23] parla benevolmente di me e dei miei lavori, e definisce geniale il mio modo di procedere, consistente – scrive – nel fatto che il mio pensiero lavora *oggettivamente* o, in altri termini, non si separa dagli oggetti, ma gli elementi di questi, le loro immagini sensibili, ne sono assorbite e intimamente penetrate; che il mio vedere è già un pensare, il mio pensare un vedere, procedimento al quale egli non può negare il suo plauso.

A quali considerazioni mi abbia spronato quest'unica parola accompagnata da un simile consenso, risulterà dalle poche pagine che seguono, e che raccomando al lettore appassionato, dopo ch'egli abbia preso visione della p. 387 del suddetto volume.

In questo come nei precedenti fascicoli[24] mi sono proposto di spiegare come io veda la natura e, in certo modo, anche me stesso, la mia essenza intima, il mio modo d'essere (nei limiti in cui ciò è possibile). A questo scopo risulterà particolarmente utile un mio precedente saggio, l'*Esperimento come mediatore fra soggetto e oggetto.*

Dirò subito che la grande e altisonante massima: *Conosci te stesso!* mi è sempre parsa sospetta, come un'astuzia di preti segretamente in combutta per confondere l'uomo con pretese irrealizzabili e deviarlo dall'attività nel mondo esterno verso una falsa contemplazione interna. L'uomo conosce se stesso nella sola misura in cui conosce il mondo, di cui ha coscienza soltanto in sé, come ha coscienza di sé soltanto in esso. Ogni nuovo oggetto, osservato bene, dischiude in noi un nuovo organo.

Ma l'impulso maggiore ci viene dal prossimo, che ha il vantaggio di poterci comparare col mondo dal suo punto di vista, e perciò raggiungere di noi una conoscenza più vicina di quanto non sia possibile a noi stessi.

Perciò, negli anni maturi, ho sempre attentamente osservato fino a che punto gli altri potessero conoscermi, per venire più in chiaro su me stesso e sulla mia natura, in loro e su di loro, come in altrettanti specchi.

Gli avversari, sotto questo profilo, non mi riguardano, perché la mia natura è loro sgradita, essi respingono i fini che la mia attività persegue, e giudicano sforzi vani i mezzi di cui mi servo per raggiungerli. Quindi volgo loro le spalle e li ignoro; perché

* Scritto nel 1823, uscito in *Zur Morphologie*, II, 1, 1823, col titolo *Bedeutende Fördernis durch ein einziges geistreiches Wort.*

non possono darmi alcun impulso creativo, mentre è proprio questo che conta nella vita. Dagli amici, invece, mi lascio tanto condizionare quanto sospingere all'infinito, mi specchio in loro con sincera fiducia di trarne alimento e profitto.

Ora, ciò ch'è stato detto del mio *pensiero oggettivo*, potrei applicarlo con pari diritto a una *fantasia oggettiva*. Certi grandi motivi, leggende, tradizioni millenarie, mi s'imprimevano così profondamente nei sensi, che li ho conservati vivi e operanti in me per quaranta o cinquant'anni; rivedere spesso con la fantasia queste belle immagini mi sembrava il più ambito tesoro, perché cambiavano continuamente aspetto senza mutare sostanza, e maturavano in forme sempre più pure, in rappresentazioni sempre più nette. Ricorderò soltanto la *Fidanzata di Corinto*, il *Dio e la Bajadera*, il *Conte e i nani*, il *Cantore e i bimbi* e, più di recente, il *Paria*.

Così si spiega anche la mia tendenza alle poesie di occasione, alle quali mi dava uno spunto irresistibile ogni particolarità di un fatto qualunque. Perciò, anche, si osserva che a base di ognuno dei miei canti sta qualcosa di ben definito, che un certo nocciolo risiede in un frutto più o meno notevole; e questo spiega perché per molti anni non li si è cantati, specie quelli di carattere deciso, in quanto esigono dal recitatore che, dal suo stato di generica indifferenza, si trasferisca in una sensibilità e in uno stato d'animo particolari e a lui stranieri, e articoli chiaramente le parole perché si capisca di che cosa si parla. Invece, strofe di contenuto nostalgico hanno incontrato più favore e, con altre produzioni tedesche dello stesso genere, hanno avuto un certo corso.

A quest'ultima considerazione si riallaccia il mio orientamento mentale di molti anni verso la rivoluzione francese, e così si spiegano gli sforzi incessanti di dominare poeticamente questo spaventoso fra tutti gli eventi storici, nelle sue cause come nei suoi effetti.[25] Riandando ai molti anni trascorsi, io vedo chiaramente che l'interesse per questo tema sconfinato ha a lungo e quasi inutilmente logorato la mia capacità poetica; e tuttavia, quell'impressione aveva messo radici così profonde in me, che non posso negare di aver tuttora in mente la continuazione della mia *Figlia Naturale*[26] e di rimuginare questa straordinaria produzione senza avere il coraggio di dedicarmi a tradurne in pratica l'idea.

Volgendomi ora al *pensiero oggettivo* che mi si attribuisce, noto che questo stesso procedimento io sono costretto ad osservare anche nel campo delle scienze naturali. Che lunga serie d'intuizioni e riflessioni ho percorso, prima che nascesse in me l'idea della metamorfosi della pianta, come la confidò agli amici il mio *Viaggio in Italia*!

È stato così anche per il concetto che il cranio si compone di vertebre. Le tre posteriori le riconobbi presto, ma solo nel 1790, quando trassi dalla sabbia del Cimitero israelitico di Venezia, semisepolta dalle dune, una testa sfracellata di montone, mi balzò subito agli occhi che anche le ossa facciali andavano derivate da vertebre, perché vidi chiaramente il passaggio dal primo sfenoide all'etmoide e alle conche nasali; ebbi allora, raggruppato nella sua forma più generale, l'insieme. Ma tanto basti per ora a chiarimento della mia attività passata. Aggiungerò qualche parola sul modo come la frase di quell'uomo pieno di acume e benvolere mi serva da stimolo e impulso nel presente.

Già da qualche anno mi sforzo di rivedere i miei studi geognostici, soprattutto al fine di stabilire se e in quanto possa avvicinarli in qualche modo, insieme alle convinzioni da essi derivate, alla nuova e sempre più diffusa teoria del fuoco [27] – cosa che non mi è finora riuscita. Ebbene, la parola *oggettivo* mi ha improvvisamente illuminato: ho visto chiaramente davanti agli occhi che tutti gli oggetti osservati e studiati da cinquant'anni a questa parte dovevano suscitare in me proprio *la* rappresentazione e convinzione dalla quale non riesco a discostarmi. Posso, per qualche tempo, trasferirmi in quel punto di vista, ma per trovarmi a mio agio *devo* sempre e necessariamente ritornare al mio.

Sotto la spinta di queste considerazioni, non ho cessato di controllarmi, e ho trovato che il mio procedimento si basa sulla *derivazione*: non ho pace finché non trovo un punto pregnante dal quale molte cose si lascino derivare, o meglio che le produca spontaneamente da sé e me le porga, quasi a premiarmi della mia prudenza e lealtà nell'agire e nel ricevere. Se l'esperienza contiene un fenomeno che io non riesco a derivare, lo lascio lì come problema; e nella mia lunga vita ho trovato quanto mai vantaggioso questo modo di procedere, perché, sebbene stentassi a decifrare l'origine e la connessione di un fenomeno quale che fosse, e dovessi perciò metterlo da parte, dopo qualche anno tutto improvvisamente si chiariva nel contesto più armonioso. Perciò, d'ora innanzi, mi prenderò la libertà di esporre storicamente le mie esperienze e osservazioni passate, e il modo di sentire che ne discende – avendo così di mira almeno una professione di fede caratteristica, che illumini gli avversari, stimoli quelli che ragionano come me, e serva ai posteri di conoscenza e, se possibile, di compensazione.

SULL'OPERA DI ERNST STIEDENROTH: PSICOLOGIA PER LA SPIEGAZIONE DELLE MANIFESTAZIONI DELL'ANIMA *

Parte prima, Berlino 1824

Quando un'opera significativa mi capita tra le mani proprio nel momento in cui viene a coincidere con i miei attuali tentativi di ricerca, la ritengo una cosa che ho sempre considerato tra gli avvenimenti fortunati. Essa infatti rinforza la mia attività e perciò anche la favorisce. Opere di questo tipo si trovano nei periodi migliori dell'antichità, tuttavia le opere attuali sono le più efficaci di tutte, perché ha sempre più vita ciò che ci è sempre più vicino.

Questo caso gradito mi viene incontro con il libro che ho sopra ricordato. L'attenzione dell'autore mi ha fatto arrivare il libro proprio quando mandavo finalmente alla stampa le mie riflessioni su Purkinje,[28] a cui stavo lavorando già da molti anni.

I filosofi specialisti giudicheranno e valuteranno l'opera, io indicherò solo brevemente che cosa mi ha suggerito.

Se pensiamo a un ramo lasciato lungo un ruscello che scorre dolcemente, immaginiamo che segua la sua strada necessariamente ma anche volentieri: forse è fermato un istante da una pietra, forse è trattenuto talvolta in qualche sinuosità, ma tuttavia è trascinato dall'onda viva, sempre di nuovo in movimento, inarrestabile. In questo modo mi si presenta il libro in questione, coerente e gravido di conseguenze.

L'autore vedrà meglio di chiunque altro che cosa io ho voluto dire con questo: infatti già da molto tempo ho avuto modo in diverse occasioni di esprimere l'indignazione che mi aveva suscitato negli anni giovanili la teoria delle facoltà inferiori e superiori dell'anima. Nello spirito umano come nell'universo non vi è nulla che stia sopra o sotto, tutto esige, con ugual diritto, un punto centrale comune che manifesti il suo segreto Esserci, attraverso il rapporto armonico di tutte le parti di fronte a esso. Tutte le dispute degli antichi e dei moderni, fino ai tempi più recenti, nascono dalla separazione di ciò che Dio ha creato unito nella sua natura. Sappiamo molto bene che nelle singole nature umane abitualmente predomina una facoltà, una capacità, e che necessariamente si genera da questa predominanza l'universalità del modo di presentarsi delle cose, perché l'uomo conosce il mondo solo attraverso se stesso e crede perciò, con ingenua presunzione, che il mondo sia da lui e per lui costruito. Da ciò de-

* Sono esposte in questo saggio le considerazioni di Goethe sull'opera di Ernst Anton Stiedenroth (1794-1858, professore di filosofia a Griefswald e Berlino), *Psychologie zur Erklärung der Seelenerscheinungen*. Pubblicato da Goethe per la prima volta in *Zur Morphologie*, II, 2, 1824.

riva anche il fatto che l'uomo colloca, in cima a tutto, le sue facoltà principali, mentre nega completamente ciò che in lui si trova a un livello di più basso sviluppo, desiderando che la propria totalità se ne sbarazzi. Chi non è convinto che tutte le manifestazioni dell'essenza umana (*sensibilità* e *ragione*, *immaginazione* e *intelletto*) devono formarsi in una decisa unità (qualunque sia tra queste proprietà quella che in lui è predominante), costui si tormenterà continuamente in una infelice limitazione e non capirà mai perché abbia così tanti e ostinati nemici e perché egli si trovi talvolta a doversi scontrare persino con se stesso come momentaneo nemico.

Un uomo quindi, nato e formatosi nelle cosiddette scienze esatte, non comprenderà facilmente, dall'altezza della sua ragione intellettiva, che ci possa anche essere una fantasia sensibile esatta, senza la quale non sarebbe pensabile l'arte. Anche su questo aspetto si combattono gli allievi che seguono la religione del sentimento e quelli che seguono la religione della ragione: se questi ultimi non vogliono ammettere che la religione inizia dal sentimento, gli altri non sono disposti a concedere che essa debba svilupparsi nella razionalità.

Queste e altre cose mi ha suggerito l'opera che ho menzionato. Chiunque la legga ne avrà a suo modo un vantaggio, e io posso attendermi, da una più vicina considerazione, che mi dia l'occasione di qualche altra felice osservazione.

Riportiamo un passo in cui la dimensione che appartiene propriamente al pensiero è collegata direttamente al terreno del poetare, a cui prima, appunto, abbiamo gettato qualche sguardo: « Da quanto è stato finora detto, il pensiero presuppone la riproduzione. Questa si conforma alla determinatezza della rappresentazione. Da un lato si presuppone perciò una determinatezza abbastanza forte della rappresentazione attuale per poter avere un valido pensiero, dall'altro si presuppone la ricchezza e l'appropriata connessione di ciò che deve essere riprodotto. Questa connessione di ciò che deve essere riprodotto, servendo al pensiero, viene essa stessa in gran parte costituita innanzitutto nel pensiero, perché, tra più cose, ciò che ha una corrispondenza entra in una particolare connessione per mezzo della maggior vicinanza delle relazioni del suo contenuto. Un valido pensiero dipenderà in ogni caso interamente dalla conformità allo scopo della riproduzione di cui si è capaci. In questo senso, chi non possiede nulla di valido non produrrà niente di valido. Mostrerà povertà di spirito chi avrà delle riproduzioni misere, penserà unilateralmente chi avrà riproduzioni unilaterali, si accorgerà della mancanza di idee chiare chi avrà riproduzioni disordinate e confuse, e così via. Il pensiero dunque non si forma dal niente, ma richiede una sufficiente preformazione, preconnessione e anche, quando c'è pensiero in senso stretto, una connessione e un ordinamento delle rappresentazioni in corrispondenza all'oggetto, nel quale si comprende naturalmente la necessaria completezza. »

FILOSOFIA DELLA NATURA *

È stato per noi molto importante un passo dell'introduzione di D'Alembert alla grande Enciclopedia francese, di cui non è possibile riportare qui la traduzione. Comincia alla pagina X dell'edizione in quarto con le parole: *A l'égard des sciences mathématiques* e finisce a pagina XI con le parole: *étendu son domaine*. La sua fine, che si collega all'inizio, comprende la grande verità che tutto nelle scienze si basa sul contenuto e sulla validità di una proposizione fondamentale, stabilita all'inizio, e sulla purezza delle intenzioni. Anche noi siamo del parere che questa grande esigenza debba esserci non semplicemente nel caso della matematica ma in tutte le scienze, le arti così come nella vita.

Non si potrà mai ripetere abbastanza: il poeta come l'artista figurativo deve innanzitutto osservare attentamente se l'oggetto che intende trattare sia tale da poter essere sviluppato in un'opera articolata, completa, sufficiente. Se si tralascia questa questione, ogni altro sforzo è assolutamente vano: piede della sillaba e rima, pennellata e colpo di scalpello verrebbero inutilmente sprecati; e se anche un'esecuzione magistrale potesse sedurre per qualche istante lo spettatore intelligente, tuttavia questi avvertirà immediatamente quella assenza di spirito di cui sono ammalate tutte le cose false.

Tutto dunque dipende, sia nel campo artistico, sia in quello delle scienze naturali e matematiche dalla verità dei fondamenti, il cui sviluppo non si mostra nella speculazione così facilmente come nella pratica. Quest'ultima infatti è la pietra di paragone di ciò che viene concepito nello spirito, di ciò che viene accolto come vero dal senso interno. Quando l'uomo, persuaso del contenuto delle sue azioni, volge se stesso verso l'esterno e pretende

* Nel diario di Goethe è annotato alla data 14 ottobre 1826: « Iniziato D'Alembert », e alla data 10 novembre 1826: « Tradotto il passo di D'Alembert. » (Il passo in questione è riportato da Goethe nel suo saggio *Über Mathematik und deren Mißbrauch*, LA, I, 11, p. 273.) Pubblicato da Goethe in *Kunst und Altertum*, VI, 1, 1827, con il titolo *Naturphilosophie*.

dal mondo non solo che esso si accordi con le sue idee, ma anche che si adatti a lui, che ubbidisca a quelle idee e che sia in grado di realizzarle, allora soltanto si costituisce per lui quell'importante esperienza che gli dirà se si è sbagliato in ciò che ha intrapreso, oppure se il suo tempo non può comprendere la verità.

Rimane tuttavia un segno distintivo fondamentale in cui si può distinguere nel modo più sicuro la verità dall'inganno: la verità agisce sempre in modo fecondo e favorisce chi la possiede e la protegge; per contro, il falso rimane lì, in se stesso, morto e sterile, si può anzi vederlo anche come una necrosi in cui la parte che muore impedisce a quella viva di rimanere sana.

LA NATURA *

Natura! Ne siamo circondati e avvolti, incapaci di uscirne, incapaci di penetrare più addentro in lei. Non richiesta, e senza preavviso, essa ci afferra nel vortice della sua danza e ci trascina seco, finché, stanchi, non ci sciogliamo dalle sue braccia.

Crea forme eternamente nuove; ciò che esiste non è mai stato; ciò che fu non ritorna – tutto è nuovo, eppur sempre antico.

Viviamo in mezzo a lei, e le siamo stranieri. Essa parla continuamente con noi, e non ci tradisce il suo segreto. Agiamo continuamente su di lei, e non abbiamo su di lei nessun potere.

Sembra aver puntato tutto sull'individualità, ma non sa che farsene degli individui. Costruisce sempre e sempre distrugge: la sua fucina è inaccessibile.

Vive tutta nei suoi figli; ma la madre dov'è? Unica vera artista, essa va dalla più semplice materia ai contrasti più grandi e, apparentemente senza sforzo, alla perfezione assoluta – alla determinatezza più precisa, eppure delicata. Ognuna delle sue opere

* Questo testo appare per la prima volta anonimo sul « Tiefurter Journal », 32, 1782 (o inizi 1783) con il titolo *Fragment* sotto forma di manoscritto, in quanto la rivista si componeva soltanto di saggi manoscritti. Viene stampato per la prima volta, ancora anonimo, con il titolo *Natur* in « Pfälzisches Museum », I, 4, 1784. Knebel riteneva che il saggio fosse di Goethe (cfr. *Knebels Tagebuch*, 20 gennaio 1783); in una lettera indirizzata a Knebel (28 marzo 1783) la signora von Stein sostiene che il testo è da attribuire al teologo svizzero Georg Christoph Tobler (1757-1812). Goethe in una lettera a Knebel conferma di non esserne l'autore (3 marzo 1783). Oggi la critica è unanime nell'attribuire il *Frammento* a Tobler; tuttavia le edizioni dell'opera goethiana riportano tutte questo testo perché riflette mirabilmente le concezioni di Goethe sulla natura, come si può constatare nel saggio successivo: *Spiegazione*.

ha la sua propria essenza, ognuna delle sue manifestazioni il concetto più isolato; eppure, formano un Tutto unico.

Recita uno spettacolo; se lei stessa lo veda, non sappiamo; eppure lo recita per noi, spettatori seduti in un angolo.

C'è in lei una vita eterna, un eterno divenire, un moto perenne; eppure, non fa un passo avanti. Si trasforma di continuo, non conosce un attimo di quiete. Ignora l'immobilità; colpisce di maledizione l'indugiare. È salda. Il suo passo è misurato, rare le sue eccezioni, invariabili le sue leggi.

Ha pensato e non cessa mai di pensare; non come l'uomo, tuttavia, ma come natura. Si è riservata un'intelligenza propria, che abbraccia ogni cosa e di cui nessuno può carpirle il segreto.

Gli uomini sono tutti in lei, e lei in tutti. Gioca da amica con ciascuno di noi, tanto più soddisfatta quanto più la vinciamo. Con molti il suo giuoco è tanto segreto, che finisce prima ch'essi se ne accorgano.

Anche la cosa più innaturale è natura. Chi non la vede dappertutto, non la riconosce in nessun luogo.

Ama se stessa e tiene fissi su di sé innumerevoli occhi e innumerevoli cuori. Si è moltiplicata per godere di sé. Crea sempre nuovi goditori, mai sazia di offrirsi.

Si compiace d'illudere. Punisce come la più severa tiranna chi distrugge l'illusione in sé o negli altri; stringe al cuore come un figlio chi le si abbandona con fiducia.

Innumerevoli sono i suoi figli. Avara, propriamente, non è con nessuno; ma ha i suoi beniamini, cui prodiga molto e molto sacrifica. Ha preso sotto la sua protezione ciò ch'è grande.

Suscita dal nulla le sue creature, e non dice loro né da dove vengono né dove vanno. Devono soltanto correre. La strada, la conosce *lei*.

Ha pochi congegni, ma sempre operanti, mai inerti, sempre multiformi.

Il dramma ch'essa recita è sempre nuovo, perché crea spettatori sempre nuovi. La vita è la sua più bella scoperta; la morte, il suo stratagemma per ottenere molta vita.

Avvolge l'uomo nella tenebra e lo sprona continuamente alla luce. Lo inchioda, torpido e greve, alla terra; ma lo scrolla sempre a nuove imprese.

Suscita bisogni perché ama il moto: il miracolo è che ne ottenga tanto con mezzi così limitati. Ogni bisogno è un beneficio; presto appagato, presto risorgente. Se ne elargisce uno di più, è una nuova fonte di piacere; ma, ben presto, ristabilisce l'equilibrio.

A ogni momento spicca il balzo verso la mèta più lontana; a ogni momento è alla mèta.

È la vanità in persona; ma non per noi, agli occhi dei quali si è fatta la cosa più importante.

Permette a ogni bambino di baloccarsi con lei, a ogni pazzo di giudicarla, a migliaia e migliaia d'inciampare in essa e non vedere nulla; ma trae piacere da tutti, trova il suo tornaconto in ciascuno.

Alle sue leggi si ubbidisce anche quando ci si oppone; si collabora con lei anche quando si pretende di lavorarle contro.

Trasforma in beneficio tutto ciò che dà, perché lo rende a priori indispensabile. Indugia per farsi desiderare; fugge via perché non se ne diventi mai sazi.

Non ha linguaggio né discorso, ma crea lingue e cuori attraverso i quali parla e sente.

La sua corona è l'amore. Solo per mezzo suo ci avviciniamo a lei. Essa scava abissi fra le sue creature; ma tutte aspirano a riunirsi. Ha isolato ogni cosa, per ricongiungerle tutte. Con pochi sorsi alla coppa dell'amore, rende lieve il tormento di tutta una vita.

È tutto. Si premia e si punisce, si diletta e si tormenta. È rude e dolce, piacevole e terribile, debole e onnipotente. In essa, tutto è sempre lì. Non conosce passato né avvenire; la sua eternità è il presente. È benigna. La lodo con tutte le sue opere. È saggia e muta. Non le si strappa alcuna spiegazione, non le si carpisce nessun beneficio, ch'essa non dia spontaneamente. È astuta ma a fin di bene; e il meglio è ignorarne le astuzie. È un tutto; ma non è mai compiuta. Come fa oggi, potrà fare sempre.

A ciascuno appare in una forma diversa. Si nasconde sotto mille nomi e termini, ma è sempre la stessa.

Mi ha portato in scena; me ne butterà fuori. Mi affido a lei. Disponga di me a piacer suo. Non odierà l'opera delle proprie mani. Non sono stato io a parlare di lei. No, ciò ch'è vero e ciò ch'è falso, *essa* l'ha detto. Tutto è colpa sua, tutto merito suo.

SPIEGAZIONE DEL FRAMMENTO « LA NATURA » *

(*Goethe al Cancelliere von Müller*)

Questo scritto, trovato nel carteggio dell'eternamente compianta duchessa Anna Amalia, e fattomi recentemente pervenire,

* Dettato da Goethe al Cancelliere von Müller il 24 maggio 1828, pubblicato postumo da Eckermann nel penultimo volume della *Vollständige Ausgabe letzter Hand* col titolo *Erläuterung zu dem aphoristischen Aufsatz « Die Natur »*.

è scritto da una mano ben nota, di cui abitualmente mi servivo nel penultimo decennio del secolo per i miei lavori.[29]

Che l'abbia composto io, non ricordo per certo; ma le sue considerazioni collimano con le idee alle quali la mia mente era allora pervenuta. Potrei chiamare quello stadio della mia visione del mondo un "comparativo" spinto a mostrarsi orientato verso un superlativo non ancora raggiunto. Vi si nota la tendenza a una specie di panteismo, in quanto s'immagina come base dei fenomeni dell'universo un essere imperscrutabile, incondizionato, umoristico, contraddittorio; e lo si può ritenere un giuoco, non senza, però, un'amara serietà.

Il coronamento che gli manca è tuttora l'intuizione delle grande ruote motrici della storia: i concetti di *polarità* e di *graduale accrescimento*,[30] quella inerente alla materia in quanto materialmente pensata, questo invece alla materia in quanto la pensiamo spiritualmente; quella in un incessante attirarsi e respingersi, questo in un'irrefrenabile spinta ascensionale. Ma, poiché la materia non può esistere e operare senza lo spirito, o lo spirito senza la materia, ne segue che anche la materia potrà superarsi e, a sua volta, lo spirito non si precluderà mai l'attrazione e repulsione, come solo è in grado di concepire chi abbia separato abbastanza per poter ricongiungere, e abbastanza ricongiunto per poter di nuovo separare.

Negli anni in cui il saggio in questione dovrebbe cadere, io mi occupavo prevalentemente di anatomia comparata, e nel 1786 mi davo una pena indicibile per guadagnare l'interessamento altrui alla mia convinzione, che *non si potesse contestare all'uomo l'osso intermascellare*.[31] L'importanza di questa convinzione sfuggiva anche a intelligenze molto fini, gli osservatori più accorti negavano che fosse giusta, e io, come già in altri campi, dovetti continuare la mia strada in silenzio e da solo.

Non cessai d'inseguire il fenomeno della versatilità della natura nel mondo vegetale, e nel 1787, in Sicilia, ebbi la fortuna di ottenere sia la percezione che il concetto della metamorfosi delle piante. La metamorfosi degli animali era lì a un passo; e nel 1790, a Venezia, mi si rivelò la derivazione del cranio dalle vertebre; mi dedicai con fervore alla costruzione del tipo, dettai lo schema[32] nel 1795 a Max Jacobi, a Jena, e presto ebbi la gioia di vedermi suffragato in questo campo da naturalisti tedeschi.

Chi tenga presente l'alta impresa, grazie alla quale tutti i fenomeni naturali sono stati a poco a poco concatenati davanti allo spirito umano, e poi rilegga con cura lo scritto da cui partimmo, confronterà non senza un sorriso quel comparativo, come l'ho chiamato, al superlativo nel quale la fatica ora si conclude; e si rallegrerà di un cinquantennio di progressi.

ANALISI E SINTESI *

Nella terza lezione di storia della filosofia tenuta quest'anno, Victor Cousin [33] loda il diciottesimo secolo soprattutto perché, nel praticare le scienze, si affidò di preferenza all'analisi e si guardò da sintesi, cioè ipotesi, affrettate; ma, dopo aver quasi esclusivamente approvato questo metodo, aggiunge che non ci si deve precludere del tutto la sintesi; anzi, sebbene con molta cautela, bisogna di tempo in tempo ricorrervi.

Nel riflettere su ciò, ho subito pensato che, anche da questo punto di vista, molto è rimasto da fare al secolo decimonono, dovendo gli amici e i cultori delle scienze badare con gran cura che si eviti di verificare, sviluppare e mettere in chiaro le false sintesi, cioè ipotesi, che la tradizione ci ha trasmesse, e si restituisca allo spirito l'antico diritto di porsi a viso aperto davanti alla natura.

Citiamo qui due ipotesi: la scomposizione della luce e la sua polarizzazione – nomi vuoti che non dicono nulla a chi riflette, e che tuttavia uomini di scienza badano a ripetere.

Non basta servirsi del metodo analitico nell'osservare la natura, cioè sviluppare da un oggetto dato tutte le particolarità possibili, e, in tal modo, conoscerlo; occorre applicare l'analisi anche alle sintesi esistenti, per stabilire se vi si è proceduto al modo giusto, secondo il metodo vero.

Abbiamo perciò analizzato a fondo il procedimento di Newton. Egli cade nell'errore di prendere come base un fenomeno solo (per giunta artefatto), costruirvi sopra un'ipotesi e, partendo da questa, voler spiegare i fenomeni più molteplici, anzi sconfinati.

Ci siamo serviti del metodo analitico, e abbiamo cercato di presentare in una certa successione tutti i fenomeni, così come ci sono noti, per stabilire fino a che punto vi si debba riconoscere un universale cui essi si lascino subordinare in ogni caso: crediamo così di aver contribuito a preparare quello che, come dicevamo, è il compito del diciannovesimo secolo.

Lo stesso abbiamo fatto per presentare in un tutto unico i fenomeni della doppia riflessione, e lasciamo entrambi i problemi a un avvenire più o meno remoto, nella coscienza di aver richiamato questi studi alla natura e di aver restituito loro la libertà vera.

Passiamo a un'altra considerazione generale: un secolo che

* Scritto nel 1829 e pubblicato per la prima volta con il titolo *Analyse und Synthese*, nella *Ausgabe letzter Hand.* Il saggio riflette le tesi di Goethe sulla teoria dei colori.

si affida unicamente all'analisi e teme la sintesi non è sulla via giusta, perché solo tutt'e due insieme, come l'inspirazione e l'espirazione, fanno la vita della scienza.

Un'ipotesi sbagliata è meglio che nessuna; il guaio non è che sia sbagliata; il male di cui interi secoli poi soffrono è che metta radici, che venga universalmente accettata e si trasformi in una specie di articolo di fede, di cui nessuno abbia il diritto di dubitare e d'intraprendere l'esame.

Per quanto la teoria di Newton fosse pubblicamente esposta e professata, già ai suoi tempi se ne erano riconosciuti i difetti; ma i grandi meriti dell'uomo in altri campi, il suo stato nel mondo sociale e scientifico, impedirono che l'opposizione si determinasse. La colpa maggiore della diffusione e ossificazione di questa teoria l'hanno comunque i francesi, che perciò dovrebbero, nel nostro secolo, correggere l'errore, favorendo una nuova analisi di quell'ipotesi confusa e ischeletrita.

Il punto fondamentale che sembra perdersi di vista nell'impiego esclusivo dell'analisi è che ogni analisi presuppone una sintesi. Un mucchio di sabbia non si può analizzare; ma, se si compone di parti diverse – per esempio, sabbia e oro – allora il lavaggio è un'analisi in cui l'elemento più leggero risulta asportato e quello più pesante trattenuto.

Così, la chimica si fonda sempre più sulla divisione di ciò che la natura aveva unito; sopprimiamo la sintesi della natura per riconoscerla nei suoi componenti.

V'è sintesi più alta che un essere vivente? E perché ci tormentiamo con l'anatomia, la fisiologia, la psicologia, se non per farci in qualche modo un concetto dell'insieme che, lo scindessimo pure in mille parti, si ricrea di continuo?

Uno dei grandi pericoli che minacciano l'analista sta dunque nell'applicare il suo metodo là dove non esiste come base una sintesi. Tutta la sua opera diventa allora una fatica delle Danaidi. Giacché l'analitico, in fondo, si arrabatta per giungere infine nuovamente a una sintesi; ma, se a base dell'oggetto studiato non ve n'è alcuna, invano egli si sforzerà di scoprirla, e più il numero delle sue osservazioni crescerà, più esse lo intralceranno.

La prima cosa che s'impone all'analista è dunque di esaminare (o meglio, non perdere mai di vista) se ha veramente a che fare con una sintesi nascosta e misteriosa, o se ciò di cui si occupa è soltanto un aggregato, un miscuglio, una giustapposizione, e via discorrendo. Un sospetto di questo genere fanno sorgere quei capitoli del sapere, in cui non c'è più verso di procedere. Utili considerazioni a questo proposito si potrebbero svolgere circa la geologia e la meteorologia.

POLARITÀ *

Ci si presentano due esigenze quando consideriamo i fenomeni della natura: conoscere compiutamente i fenomeni stessi e appropriarcene con la riflessione. L'ordine conduce alla completezza, l'ordine esige il metodo e il metodo facilita le rappresentazioni. Se esaminiamo un oggetto in tutte le sue parti, lo afferriamo correttamente e lo possiamo di nuovo riprodurre nello spirito, allora possiamo dire che lo guardiamo in un senso appropriato e superiore, possiamo dire che ci appartiene e che abbiamo raggiunto un certo controllo su di esso. E così il particolare ci porta sempre all'universale, l'universale al particolare. Entrambi operano in una scambievole reciprocità in ogni trattazione, in ogni lavoro.

Premettiamo qui alcuni universali.

Dualità del fenomeno come antitesi:

noi e gli oggetti
luce e oscurità
corpo e anima
due anime
spirito e materia
Dio e il mondo
pensiero ed estensione
ideale e reale
sensibilità e ragione
fantasia e intelletto
essere e desiderio.
Le due metà del corpo
destra e sinistra
respirare.
Esperienza fisica:
magnete.

I nostri antenati ammiravano la parsimonia della natura. A essa si pensava come a una persona intelligente che è capace di fare molto con poco, mentre gli altri producono poco con molto. Ammiriamo di più, per esprimerci anche noi con una

* Abbozzo per una serie di lezioni di fisica tenute da Goethe nel 1805. Prima pubblicazione in WA, II, 11, con il titolo *Polarität*.

terminologia umanizzata, l'abilità con cui essa, sebbene ristretta in poche massime fondamentali, sa generare le cose più diverse. Si serve a tal fine del principio vitale che contiene la possibilità di moltiplicare gli inizi più semplici dei fenomeni con l'ascesa graduale verso l'infinito e verso l'assolutamente diverso. Ciò che entra nel fenomeno si deve separare solo per manifestarsi fenomenicamente. Ciò che è separato si cerca nuovamente e può di nuovo ritrovarsi e riunirsi; nel senso inferiore, in quanto esso si mescola solamente con il suo opposto, si associa con questo, sicché il fenomeno si azzera o, per lo meno, diviene insignificante. Ma la riunione si può anche verificare nel senso superiore, in quanto ciò che è separato si accresce gradualmente e produce, attraverso la connessione delle parti che si sono sviluppate, una terza cosa, nuova, superiore, inattesa.

INVITO ALLA BENEVOLENZA *

La natura appartiene a se stessa, l'essenza all'essenza; l'uomo le appartiene, essa appartiene all'uomo. Chi, dunque, le si avvicina con una sensibilità aperta, libera, sana, non fa che esercitare un suo diritto – il tenero bimbo come lo studioso più grave. Strano è perciò che i naturalisti si contendano il posto in un campo così illimitato, e pretendano d'impicciolirsi a vicenda un mondo che non ha confini.

Percepire, guardare, osservare, annotare, congiungere, scoprire, inventare, sono attività dello spirito che, separatamente o insieme, uomini più o meno dotati esercitano in mille modi. Discernere, isolare, calcolare, misurare, pesare, sono mezzi altrettanto importanti: col loro aiuto l'uomo abbraccia la natura, e cerca di dominarla per volgere ogni cosa a suo profitto.

Da tutte queste capacità, e da molte altre che sono loro sorelle, la natura benigna non ha escluso nessuno. Anche un bimbo, anche un idiota, possono fare un'osservazione che sfugge all'uomo più esperto, e così, con serena incoscienza, appropriarsi di ciò che del grande patrimonio comune spetta loro.

Perciò, nello stadio presente delle scienze naturali, è inevitabile si ponga ripetutamente la questione che cosa possa favorirle e che cosa invece ostacolarle, e nulla sarà loro più propizio del fatto che ciascuno si tenga al posto suo, conosca quel che può, eserciti quello che sa, e riconosca lo stesso diritto agli

* *Vorschlag zur Güte,* scritto nel 1817, pubblicato in *Zur Morphologie,* I, 3, 1820.

altri, affinché tutti operino e producano. Purtroppo, oggi come oggi, ciò non avviene senza lotta né contrasto, in quanto è nella natura tanto delle cose quanto dell'uomo che forze avverse insorgano, si costituiscano proprietà in esclusiva e, non di nascosto ma apertamente, ci s'impadronisca dell'altrui.

Anche in questi nostri quaderni, non è stato possibile evitare contrasti e litigi spesso violenti; ma il mio desiderio più vivo è che, a poco a poco, gli elementi ostili ne vengano espulsi. Tuttavia, poiché desidero assicurare a me e ad altri una maggior libertà di movimento di quella che, finora, ci è stata concessa, non si prenda in mala parte se io e quelli che la pensano come me trattiamo con durezza di linguaggio ciò che alle nostre legittime richieste si oppone, e non siamo più disposti a tollerare ciò che da anni si ordisce contro di noi.

Ma, perché l'eco di ogni fastidiosa irritazione abbia a spegnersi più in fretta, il nostro invito alla benevolenza chiede a ciascuno, chiunque egli sia, di dimostrare praticamente il suo diritto, e domandarsi: « Che cosa fai, in realtà, al posto tuo; e a che cosa sei chiamato? » Noi ce lo chiediamo ogni giorno, e questi fascicoli sono le nostre confessioni in risposta alla domanda – confessioni nelle quali intendiamo proseguire indisturbati, con la lucidità e la purezza che il soggetto e le forze ci permetteranno di applicare.

SULLA FILOSOFIA *

Intuizione potenziata di se stessi

1. Del limitare se stessi.
2. Intuizione (b) della limitatezza. Sensazione semplice.

   Non conosce alcun oggetto. È sensazione semplice della limitatezza. Appare l'oggetto. Questione: da dove deriva la limitatezza.

   Intuizione produttiva

   Derivazione della materia (substrato ideale dell'intuizione produttiva).
3. Intuizione (c) dell'intuire (b) della limitatezza (a).

   Si deve intuire come qualcosa di sensibile. (Io devo divenire cosciente di me come senso interno.)

   Spazio e tempo

* Appunti di filosofia pubblicati in « Nachträge » della WA, II, 11, e nuovamente riordinati nella *Gedenkausgabe*, con il titolo *Zur Philosophie*, da cui è condotta la traduzione.

Prima categoria. Sostanza e accidente.
Persistente transitorio
Seconda categoria. Successione. Causa ed effetto in quanto condizione della sostanza e dell'accidente.
Universo. Organismo.

4. Riflessione assoluta.
Riflessione trascendentale. L'io diviene cosciente del suo inconscio.
Schematismo trascendentale
Come i concetti si separano dagli oggetti.
Giudizio: i concetti vengono riferiti alle intuizioni per mezzo dello schema.
Modo in cui l'oggetto si realizza, il concetto.
Lo schema è questo modo intuito.
Logica

5. Assoluta autodeterminazione (f). Come condizione delle stesse intelligenze.
Autodeterminazione
dove il soggetto si solleva al di sopra di tutti gli oggetti.
L'io diviene cosciente di sé come agente e cosciente.
Coscienza di un agire cosciente, del libero produrre.
Condizione: Intelligenza al di fuori dell'io. Concetto finalistico.

6. Coscienza (g) dell'assoluto autodeterminare (f).
L'autodeterminazione deve passare nell'oggetto; l'agire libero è nostro oggetto.
Come è possibile un accordo tra il libero autodeterminarsi e la natura (ossia l'oggetto)?
Destino Provvidenza
Rispetto di fronte all'oggetto
Religione

7. Coscienza dell'identità dell'attività conscia (g) e inconscia (f).
La filosofia teoretica risponde alla domanda: come l'oggetto diventa pensiero.
Il pensiero e l'oggetto sono una cosa sola (identici),
essi sono dedotti contemporaneamente.
Pensiero e oggetto sono una cosa sola.
Libertà e necessità sono fenomeni vicini all'assoluta identità.
Libertà, fatalismo, morale, diritto naturale, religione.
Armonia prestabilita.
Assoluta identità.
Sintesi relativa Sintesi assoluta
Parziale ciò che è comune (?) dinamico.

L'oggetto è esso stesso un agire e cioè l'agire inconscio. Facoltà immaginativa, idee, antinomie, ideale.

Arbitrio

Morale
Esigenza della pura autodeterminazione.
Imperativo categorico

Esigenza dell'istinto.

Indifferentismo

Come può il volere divenire un agire?
Teologia della natura e dell'arte. Scopo.

Astrazione trascendentale
Separazione dell'intuizione e del concetto.
applicata alle categorie.

1. Sostanza e accidente senza intuizione
Soggetto e predicato senza concetto
Semplice spazio. Estensione.
2. Causa e effetto senza intuizione
Fondamento e conseguenza senza concetto
Successione.
3. Azione reciproca.

Tempo. Schema trascendentale.
(ciò che precede è categoria dinamica)
quella della relazione.

Categorie matematiche.
La riflessione si riferisce al soggetto in quanto

Intuente	Senziente
Categoria della quantità	della qualità
Unità, molteplicità, totalità	Realtà, negazione, limitazione

contemporaneamente riferite al soggetto e all'oggetto
Modalità.
Realtà, possibilità, necessità.
Nell'intelligenza non c'è necessariamente la riflessione assoluta.

Sapere

1. Soggetto. Idealismo. Ciò che vi è di assolutamente non oggettivo diviene esso stesso oggetto nel sapere[?]. Io = Io, A = A (logica), intuizione intellettuale. L'io pone se stesso, diviene esso stesso oggetto. (Intuizione sensibile in cui non produco l'oggetto.) Assoluto. Incondizionato. Al di fuori di spazio e tempo. Contrario a tutte le empirie.

Ciò che vede è l'assoluto. Attività illimitata (potrebbe essere l'in sé interiore senza coscienza). Ciò che è visto è fissato in tal modo con dei limiti. Limiti, ideali reali. Trascendentale. Real-idealismo. Coscienza. Nell'intuizione intellettuale ciò che vede diventa ciò che è visto.

2. Oggetto. Dogmatismo. Va dallo

spirituale al materiale	dal materiale allo spirituale
idealismo dogmatico	materialismo, meccanicismo
(Leibniz, Spinoza)	(Epicuro)

Il dogmatismo, che contrappone l'oggetto, non crea alcuna coscienza. L'intelligenza deve essere pensata con il limite. Attività infinita – Intuizione della stessa. Ostacoli. Limiti. Divenire infinito.

Forme della sensazione

1. Centripete, passive, pensabili del tutto senza contenuto.

Solitudine infinita. Lontananza dai rumori. Intoccata antichità. Tumulo della tomba. Noia profonda, sentimento del contenuto mancante. Mescolarsi di bisogni fisici. Paura. Innocenza perduta. Aggiungersi. Simbolismo senza forma, immagine nel sentimento. Tristezza senza oggetto. Accoglienza della natura. Tutto nella libera natura è riferimento all'individuo. Debolezza del sognatore. Avvenimenti spiacevoli nel sogno.

2. Centrifughe, attive, talvolta manifestantesi nel contenuto. Pieno di nostalgia sconosciuta. Gelosia. Coscienza. Delitto a cui si è fatto gran merito. Capire il meglio del poeta amato. Piacere per il viaggio. Seminagione per il futuro, dolce attesa. Violenta anticipazione, piantare alti alberi. Presentimento della felicità, – infelicità, – avvenimenti. Desiderio di comprendere la varietà di ciò che è organizzato. Sentimento del dover anche comprendere in uno sguardo la propria vita. Sensazione attribuita agli oggetti. Sparare, pescare, uccellare, cavalcare. Costruire, fare installazioni e strade, costruire casolari. Imitazione. Trasformare in immagine. Istinto, tentativo di trattare la sensazione come talento.

Emulazione. Nell'operare senza scopo e contenuto. Gara di corsa. Cavalcare.

I FENOMENI STESSI SONO LA TEORIA *

La cosa più elevata sarebbe: comprendere che tutto ciò che è fattuale è già teoria. L'azzurro del cielo ci rivela la legge fondamentale della cromatica. Non si cerchi nulla dietro i fenomeni: essi stessi sono già la teoria.

* Tratto da *Maximen und Reflexionen*, n. 488; il titolo è del curatore di questo volume.

NOTE

[1] I due saggi *Beiträge zur Optik*, rispettivamente del 1791 e del 1792 fanno parte della *Teoria dei colori.*

[2] Cfr. *Studio da Spinoza.*

[3] Sono gli anni in cui Goethe si dedica in particolare agli studi di botanica.

[4] *Historia critica philosophiae a mundi incunabulis* (1742-44) di Johann Jacob Brucker (1696-1770).

[5] *Über die bildende Nachahmung des Schönen* (1788), la cui parte centrale è riprodotta nel *Viaggio in Italia.*

[6] Riferimento al saggio *L'esperimento* ecc., e a *Esperienza e scienza.*

[7] 1781; ma l'edizione che aveva Goethe è la terza, Riga 1790.

[8] Cfr. *Un fortunato avvenimento*, nella prima parte di questo libro.

[9] J. Gottfried Herder aveva preso posizione contro la *Critica della ragion pura* nella sua *Metakritik der reiner Vernunft* (1799) e contro la *Critica del giudizio* nella sua *Kalligone* (1800).

[9] *Bildung und Umbildung organischer Naturen*, è il sottotitolo dei quaderni *Zur Morphologie.*

[11] Si tratta rispettivamente di: *Über die ästetische Erziehung des Menschen* (1795), e di *Anmut und Würde* (1793).

[12] *Über naive und sentimentalische Dichtung* (1795).

[13] Friedrich Immanuel Niethammer (1766-1848), professore a Jena, aveva frequentato Goethe intorno al 1800.

[13] *Critica del Giudizio*, par. 77, trad. A. Gargiulo, Bari, Laterza, 1907, pp. 268-9.

[14] *Critica del Giudizio*, *cit.*, par. 80, p. 281 nota.

[15] Goethe fa riferimento a Kant.

[16] Sono i due primi e gli ultimi quattro versi del discorso di Mefistofele allo scolaro, nel *Faust*, I, versi 1922-27.

[18] *Critica del giudizio*, *cit.*, par. 81, p. 295.

[19] Johann Friedrich Blumenbach (1752-1840), fondatore del metodo analitico nella craniologia, professore a Gottinga, autore dell'opera *Über den Bildungstrieb* (1789) alla quale Goethe appunto allude, di una *Geschichte und Beschreibung der menschlichen Körpers* (1786) e di altri studi di anatomia e fisiologia comparata.

[20] Alla fine del terzo quaderno di *Zur Morphologie.*

[21] Il titolo non appare nel testo ma solo nell'indice del quaderno.

[22] I versi di apertura sono presi dalla poesia didattica di A. Haller, *Die Falschheit menschlicher Tugenden*, 1730. Il testo originale è il seguente: « Ins Innere der Natur, / O! du Philister! / Drigt kein erschaffner Geist. / Mich und Geschwister / Mögt ihr an solches Wort / Nur nicht erinnern: / Wir denken: Ort für Ort / Sind wir im Inneren. / Glükselig! wem sie nur / Die äßere Schale weist! / Das hör'ich sechzig Jahre wiederholen, / Und fluche drauf, aber verstohlen; / Sage mir tausend tausendmale: / Alles gibt sie reichlich und gern; / Natur hat weder Kern / Noch Schale, / Alles ist sie mit einemmale; / Dich prüfe du nur allermeist, / Ob du Kern oder Schale seist? »

[23] J. Ch. Heinroth (1773-1843), professore di psichiatria a Lipsia, autore di *Lehrbuch der Anthropologie* (1822).

[24] I tre fascicoli del I quaderno di *Zur Morphologie.*

[25] *Annalen zu 1799: In dem Plane bereitete ich mir ein Gefäß; worin ich alles, was ich so manches Jahr über die Französische Revolution und deren Folgen geschrieben und gedach, mit geziemendem Ernste niederzulegen hoffte.*

[26] La progettata trilogia sulla rivoluzione francese non andò oltre il dramma in 5 atti *Die natürliche Tochter* (1792).

[27] La teoria del *vulcanismo*, di cui Goethe era avversario.

[28] *Das Sehen in subjektiver Hinsicht von Purkinje. Auszug mit Bemerkungen des Herausgebers*; pubblicato da Goethe in *Zur Morphologie*, II, 2, 1824. Johann Evangelista Purkinje (1787-1869) fu professore di filosofia a Breslavia.

[29] Il manoscritto è del segretario di Goethe, Seidel, con correzioni del poeta.

[30] *Steigerung.*

[31] Tesi sostenuta nel saggio: *Dem Menschen wie den Tieren ist ein Zwischenknochen der obern Kinnlade zuzuschreiben* (1786).

[32] Lo schema è: *Erste Entwurf einer allgemeinen Einleitung in die vergleichende Anatomie* (1795).

[33] Victor Cousin (1792-1867), *Cours de philosophie. Introduction à l'histoire de la philosophie.* Le prime lezioni di Cousin, di cui parla Goethe, furono tenute agli inizi del 1829.

INDICE

VINCENT VAN GOGH
LETTERE A THEO

«Caro Theo...»: dall'agosto 1872 fino al 27 luglio 1890, due giorni prima di morire, Vincent Van Gogh scrisse al fratello con una costanza che trova il solo termine di paragone nell'amore che egli nutriva per lui. Da sempre interlocutore privilegiato dell'artista, nonché il primo a riconoscerne la grandezza, per lungo tempo Theo fu l'unico a cui Vincent confidò le pene della mente e del cuore. «Se non avessi Theo» scriveva, «mi sarebbe impossibile dedicarmi al mio lavoro; ma poiché mi è amico farò ancora progressi e continuerò.» Queste lettere ci permettono di seguire, quasi quotidianamente, la vicenda artistica e umana del grande pittore e costituiscono, ancora oggi, il miglior viatico per un approccio alla sua incredibile produzione. Un'altissima testimonianza morale, una professione di credo estetico forse senza eguali in tutta la storia dell'arte.

GUANDA

JACQUES PRÉVERT
ALBERI

La questione ecologica oggi ha varcato i confini della coscienza individuale per ricoprire un ruolo da protagonista nell'agenda politica mondiale e sulle prime pagine dei giornali. Ma molto prima che diventasse una priorità condivisa e innescasse un dibattito ideologico, è giunto il fiuto, l'istinto del poeta. Grazie a un lessico e a un'iconografia di incredibile attualità, Jacques Prévert conia veri e propri slogan da stampare sui manifesti o da gridare nelle piazze; così incisivi e potenti che, come scrive Edoardo Albinati nella sua *Introduzione*, non crederci sarebbe quasi « segno di malafede, di cattiva coscienza ». Versi che grazie alla straordinaria capacità inventiva e allo strepitoso estro verbale dell'autore, sanno parlare alle nuove generazioni.

GUANDA